適合身高50~95cm的寶寶

# 手編織可愛動物嬰兒服

川路ゆみこ◎著

黃琳雅◎譯

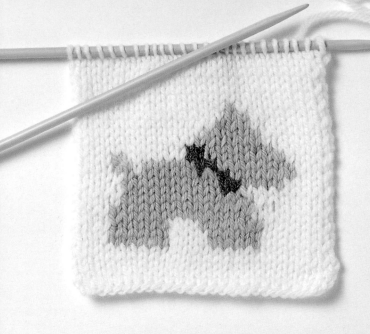

將小寶寶也喜愛的
可愛動物們
織成時尚的毛線織品

妳是否也擁有不管到了幾歲,仍然相當珍惜喜愛的寶貝呢?

我小時候買的米黃色小熊布偶,就是我最珍惜的寶貝。

儘管這隻小熊布偶已經破破爛爛,耳朵也脫落了,我還是會將牠修補好。

雖然小熊布偶現在已經不在了,但是對我而言,不論在我高興還是難過的時候,

牠總是陪伴著我,是我最重要的朋友。


在本書當中,我試著將泰迪熊等可愛的動物織成毛線織品。

例如替小寶寶穿上可以包住全身上下的連身服,化身為小熊以及小兔子,

背心背面則織上守護著小寶寶的企鵝、略顯早熟的梗犬、

精力充沛的獅子等,每一頁都充滿可愛的動物。


針法方面,由於編織圖案較多,故基本上都是採用平針織法,

請注意調整毛線的鬆緊度,慢慢地編織。

如果碰到比較難織的部份,也可以改用平針刺繡或繡樣,

做出自己專屬的原創作品。


等小寶寶長大後,看著充滿點滴回憶的相簿,

若能看見相片中的自己穿著媽媽親手編織的泰迪熊毛衣,露出一臉幸福微笑的話……

能做出讓小寶寶愛不釋手的毛線織品,一定很棒吧!


川路ゆみこ

CONTENTS

# 變身成粉彩條紋
# 的小狗與小兔子！

小狗圖案連身服以及小兔子圖案拉格蘭袖毛衣，

成套的帽子上附上耳朵，上下擺動超可愛。

這些毛衣圖案都是使用平針織法，

就算是新手媽媽也能夠輕鬆上手。

只要在口袋上的小狗耳朵加上摺痕、做出表情，

在小兔子口袋上用蒸氣熨斗燙過，

再調整一下形狀就大功告成了。

毛衣部分採用加長設計，

亦可搭配褲襪，就像穿著連身裙一樣。

附有小狗口袋的
連身服及帽子

70cm ● 作法參見第38頁

3.
4.
5.
粉紅兔三件組
（帽子・毛衣・褲子）
70cm ● 作法參見第40頁

## 6·7

軟綿綿小兔子以及
毛茸茸小熊連身服

80cm 作法參見第42頁

小熊玩偶／PROPS NOW

# 看起來很像布偶娃娃吧

這款毛衣可將小寶寶的身體完全包起來，既暖和又時尚，

並採用連精力旺盛的寶寶也能夠活動自如的設計。

只要變換毛線顏色與耳朵形狀，

就能依照喜好織出小熊或小兔子。

這是使用圈圈紗所織成，穿起來就像

軟綿綿、毛茸茸，又相當可愛的布偶娃。

由於毛衣的編目不明顯，

不必擔心織出來的平針不夠漂亮，

非常適合初學者挑戰。

# 全套配件都是泰迪熊圖案
# 不論走到哪裡都將成為眾人注目的焦點

**8~12**

## 泰迪熊全套外出服
（帽子・短上衣・連身服・襪子・小熊毛線娃娃）
70cm ● 作法參見第35～37頁

籃子、框架／PROPS NOW　上衣／Alps Kawamura

適合像裝上高速引擎般活潑好動的
小寶寶穿著的連身服、
衣擺的曲線圖案展露嬰兒般童稚的開襟短上衣、
甚至連小配件及毛線娃娃都是
同一系列的全套套裝。
綴上用鉤針織成的泰迪熊貼花，
讓小寶寶的可愛度大幅加分。
此外，在帽子兩側綴上泰迪熊貼花，
也能夠溫暖耳朵。

# 沿著衣擺排成一圈的泰迪熊圖案
# 以及明顯冒出的耳朵是衣服的注目焦點

在衣擺周圍織滿泰迪熊圖案，
並使用鉤針勾出耳朵與拉繩，
就完成極富立體感的時尚披風。
不論是外出兜風還是讓家人抱著出門都
相當方便，
披風的衣長部份也特別加長，
方便長時間穿著。

## 13.
### 泰迪熊圖案連帽披風
60～80cm ● 作法參見第44頁

## 14

### 森林小熊
### 長袖兔裝

50～70cm ● 作法參見第46頁

這款為兩穿式連身兔裝，只要改變衣服下擺的鈕扣扣法，立刻就變成新生兒的小披風。釀造小熊最愛吃的蜂蜜的蜜蜂，到處嗡嗡嗡飛舞的模樣也變成衣服上的繡樣。

此款小洋裝非常適合到寺廟參拜祈福等特別的日子穿著。
這是一件款式柔軟舒適的鏤空編織洋裝，
領肩下方還加上皺褶。
裙擺上綴有用鉤針所勾的小熊貼花，
綴在帽子繫繩尾端的小熊，替帽子增色不少。

鐵製椅子／Porte Bonheur

## 15·16

### 充滿柔軟皺褶的祈福套裝

（帽子・嬰兒洋裝）

50～70cm　●作法參見第48、52頁

衣服上的所有皺褶，
綴滿可愛的白色小熊貼花

讓白色的小熊，
連同小嬰兒的小屁屁，
全身上下完全包住！

這款背心與嬰兒洋裝一樣均綴有白色小熊貼花，
固定背心邊緣用的繫繩前端加上幸運草的設計，
非常可愛，
是專為小嬰兒設計的加長背心。
整件背心不僅充滿皺褶，衣長部份也特別加長，
可以讓小嬰兒活動自如又保暖，笑得好開心。

心型迷你玫瑰／Angelico

**17.**
幸運草隨風搖曳的加長背心
50~70cm ● 作法參見第50頁

## 18

綴滿愛心及小熊圖案的毛毯

作法參見第54頁

置身在法式風格的柔和氣息之中

小寶寶的心情也相當愉快

這張毛毯使用36片綴上濃淡雙色的愛心，以及泰迪熊貼花的織片縫製而成。

不論是外出還是哺乳時間，都能溫柔地包覆小寶寶。

籃子、北極熊／Porte Bonheur

使用柔和的綠色織出梗犬圖案，

加上搭配成套的同款帽子，呈現外出服的氣氛。

披風正面使用鈕扣牢牢固定的設計，

不管怎麼動，披風都不會敞開，讓小寶寶好開心。

# 19·20

## 梗犬披風與帽子

70〜80cm ● 作法參見第52頁

# 帶著在披風下擺
# 圍成一圈的可愛梗犬一起散步吧！

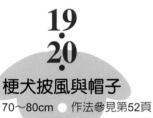

短上衣、褲子／Alps Kawamura

使用平針織法
織成風格簡約的斜開襟背心
背後的小熊是
注目的焦點

使用連新手媽媽也能輕鬆上手的平針織法，
適合小寶寶睡覺時穿著、
預防肚子著涼的交叉式斜開襟背心，
背後的大熊圖案只要繡縫上去即大功告成。
既實用又可愛，上衣顏色也可以隨喜好改變喔。

連身衣／Alps Kawamura

## 21

### 小熊繡樣斜開襟背心
50～70cm ● 作法參見第55頁

到花園去散步吧
連鈕扣上的小兔子
看起來也非常高興

連身衣／Alps Kawamura

一看到背心上兔子形狀的可愛鈕扣，
背心上綻放著許多白色小花。
就好想到花園玩耍，
在縫製小花刺繡時，不要將線拉太緊，
就能做出蓬鬆柔軟的漂亮小花。

## 22
### 花園與小兔子圖案背心
50～70cm ● 作法參見第56頁

條紋圖案中
有小熊在大玩捉迷藏
是一件充滿法式風格的毛線衣

純毛線加上灰藍色的配色，
呈現出巴黎童裝的氣氛，相當時髦。
除了有在條紋圖案中玩捉迷藏的小熊之外，
綴在帽子頂端、衣領兩側以及衣服下擺，
5顆白色小圓球也非常引人注目！

## 23·24·25
### 毛線襯衫
（帽子・羊毛衫・褲子）
80cm ● 作法參見第58頁

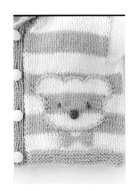

小熊布偶／PROPS NOW

在胸前別上小兔子胸針
看起來就是這麼可愛！

這件簡單背心上的粉紅小愛心圖案是以繡縫做成，使用平針織法即可織成，非常推薦鮮少接觸毛線編織的媽媽們來嘗試。用鉤針所勾成的小兔子胸針也可以多做幾個，拿來當髮夾也非常可愛喔！

## 26
### 小兔子與愛心圖案背心
80cm ○ 作法參見第60頁

短上衣、內附短褲的二件式短裙／Alps Kawamura　鞋子／LAZULI　鳥屋／Angelico

# 梗犬圖案短上衣
# 綴上心型布面鈕扣，看起來好時髦

在上衣袖口以及裙擺織出梗犬以及心型圖案，

綴上布面鈕扣以及心型刺繡，每個細節都非常講究。

適合在鋼琴發表會或是參加派對等特別日子穿著，

這是一件充滿媽咪愛心、略帶早熟風格的洋裝。

## 27
## 28
### 淡粉紅色短上衣
### 及背心裙

80cm　●　作法參見第62、39頁

短上衣／Alps Kawamura　鞋子／LAZULI

只要穿上梗犬圖案背心，
就會產生奇妙變化的簡約風格連身裙

只要使用漸層毛線，以平針編織，
就能夠織出這件色彩層次分明的連身裙。
彷彿就像變魔法一般，
使梗犬背心變成眾人注目的焦點。

# 29·30
## 時尚色系連身裙與背心
90cm ● 作法參見第64頁

鞋子／LAZULI　椅子／Angelico

在條紋圖案當中，胸前的魚形鈕扣變成品牌Logo，
這是件有點男孩子氣的高領背心。
織在背後的企鵝一臉呆樣，
用鉤針勾成、向外突出的鳥嚎也相當俏皮。

呈現大哥哥的架勢
一拉到底的拉鍊
一隻企鵝
背後背著

31.
企鵝背心
90cm ● 作法參見第68頁

# 帶著背後毛茸茸的綿羊
# 一起出去玩好不好？

短上衣、褲子／Alps Kawamura　鞋子／mastpranning

**32**
## 牧場小綿羊背心
90cm　作法參見第73頁

這件背心使用了彷彿從遠處飄來一股乾草香的
毛海來編織綿羊圖案。
採用前開襟、有領的設計，非常時髦。
在宛如牧場般一片青蔥的草綠色當中，
最適合使用毛邊縫。

針織棉上衣、白色與綠色的褲子／Alps Kawamura　二人的鞋子／mastpranning　木箱／PROPS NOW

好朋友就是要穿相同款式的毛衣。
這兩件毛衣都有泰迪熊圖案，
只要將奶油色以及藍灰色換個色彩，
改成紅色搭配白色滾邊，
就變成小女孩穿的毛衣了。
兩個人各玩各的，沉迷在遊戲中。

同一花樣的毛衣，只要改變色彩，

## 33 ~ 38
給好朋友一起穿的
同款式毛衣與帽子
90cm ● 作法參見第66～68頁

# 就像施了魔法般煥然一新

連熱帶草原上的動物們
也在毛線編織的園地上悠閒自得

圖右的T恤、褲子／Alps Kawamura
圖左的針織棉上衣、褲子、襪子／TINKERBELL 摺梯／PROPS NOW 鞋子／mastpranning

有著一頭彩色鬃毛的獅子，

在口袋上也加上成套的裝飾。

悠閒自得、一臉幸福表情的長頸鹿，

由於生活在廣大的草原，

所以圖案橫跨毛衣前後？

這是件可以跟動物聊天、充滿樂趣的羊毛衫。

**39.**
### 長頸鹿羊毛衫
80cm　作法參見第70頁

**40.**
### 獅子羊毛衫
90cm　作法參見第72、45頁

這件毛衣的色彩
相當時髦
連小熊也繫上領結
盛裝打扮

41·
42·

正經八百的小熊毛衣與帽子
90cm　作法參見第74、65頁

褲子、襪子／TINKERBELL　鞋子／mastpranning

整件衣服以同樣針法織，並在下擺及袖口各織一圈滾邊，
黃色方塊圖案在二種基本色彩當中顯得特別突出。
這件泰迪熊毛衣很有時尚都會風。
若將泰迪熊的編織圖案改以貼花替代，作法會更簡單。

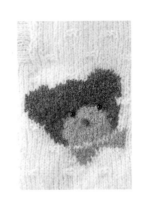

使用輕巧柔軟的
素材織成
小熊鈕扣裝飾也超可愛

# 43

小熊拉鍊式羊毛衫

95cm ● 作法參見第76頁

鞋子／mastpranning

這件羊毛衫是用柔軟的圈圈紗織成的，

既蓬鬆、不論男女穿起來都很時髦。

以不規則的方式將小熊圖案織進毛衣屬於高級技巧，

最適合喜愛編織的媽媽大展身手。

# 只要戴上兔耳朵帽子
## 彷彿闖入童話世界一般

穿上以模樣編織織成的簡約連身裙，
再披上耳朵豎起的小白兔披風，
立刻變身成童話中的主人翁。
是不是很像「愛麗絲夢遊仙境」
中的某個角色呢？

# 44·45

## 棉花糖兔子連身裙
## 成套組合
（連帽斗篷‧連身裙）
90cm ● 作法參見第78頁

在想打扮漂亮的日子
穿上最喜歡的粉橘色羊毛衫

連身裙／TINKERBELL　靴子／LAZULI
小狗布偶／Angelico

羊毛衫背面的小狗戴著橘色蝴蝶結，
加上小花的刺繡圖案，
就完成了連時尚大師也讚不絕口的羊毛衫。
在染上枯葉色彩的季節，
宛如雪寶般的橘色看起來好新鮮。

# 46.
## 小狗羊毛衫
95cm　作法參見第56頁

在外套上加上長長的耳朵
以及毛茸茸的毛海
早熟的女孩絕對不能錯過

靴子／LAZULI

點綴在粉紅色漸層毛線織成的層次色彩上，
毛茸茸的毛海裝飾相當可愛。
這件外套只要是小女孩一定會愛不釋手，
你看，就連背後的身影也那麼可愛迷人。

47
充滿浪漫風格的
兔子外套
90cm ● 作法參見第60頁

作法解說

# 開始動手編織吧！

每織好一針，就會慢慢看見那些可愛動物的雛型了。
從兔子圖案的小品牌Logo，
到穿上後立刻變身成小熊或小狗的布偶裝，
大家一起來編織溫柔又暖和的毛線作品吧！

第10頁 ● **8·12** ● 泰迪熊全套外出服

**帽子、小熊毛線娃娃**

★材料、密度以及短上衣、工作服、襪子的作法詳見第36頁

【作法】●小熊毛線娃娃
①腳的部分，先分別編織左右腳部分到10段為止，自第11段

起再連接織成一片。
②將前後片的正面與正面相對，使用迴針縫將頭部到手部縫合起來，做出形狀，然後再翻回正面。
③一邊縫合手部以下的部分，一邊使用長筷塞入棉花，最後再加上耳朵與鼻子。

●帽子
①從頭圍部分開始起針，以環編方式織模樣編織。
②在帽頂的9處位置以左上兩併針方式減針後，然後將剩餘的針目拉緊收束。
③從頭圍部分挑針，接著開始編織第37頁的緣編B，最後在帽緣兩側各綴上小熊。

【帽子的作法】

小熊

[毛線娃娃的作法]

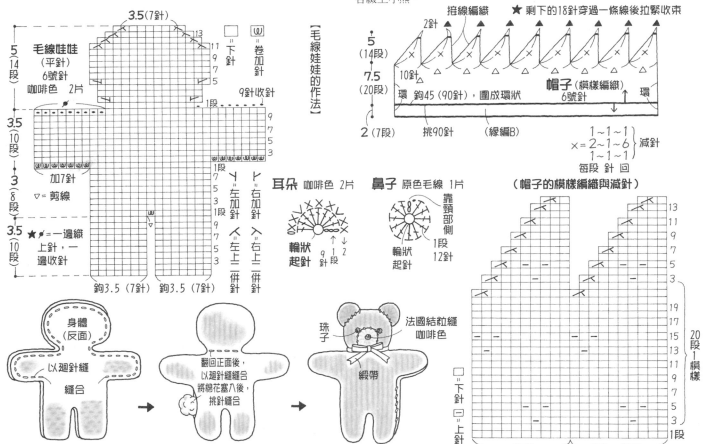

短上衣 · 連身服 ·
襪子

★帽子與小熊毛線娃娃的作法
詳見第35頁
【材料】
毛線／毛線娃娃：HAMANAKA
Fairlady50（一般粗細）的咖啡
色（43）20g、少許原色毛線
帽子：原色毛線（2）30g、咖
啡色（43）10g以及米黃色（52）
少許
短上衣：原色毛線110g、咖啡
色20g以及米黃色少許
連身服：原色毛線150g、咖啡
色20g、以及米黃色少許
襪子：原色毛線20g以及咖啡色5g
鈕扣／1.3cm圓形鈕扣7顆
其他／3mm的圓形黑色的珠子
12顆、5mm寬的米黃色緞帶
30cm、化纖棉10g
針／6號、4號棒針 5/0號鉤針
【密度】
平針、模樣編織20針、27段為
10cm²
【作法】
●短上衣
①以模樣編織來織身片及袖子
部分。
②接合肩線部分，並縫合腋
下、袖下部分，接著以緣編B的
方式編織衣服前端、毛衣下
擺、領口以及袖口部分。
③縫上袖子，最後在前片下擺
縫上小熊。
●連身服
①以模樣編織來編織左右對稱
的褲子，然後縫合下襠及立襠
部分。
②將上身片與褲子部分接合
後，腋下的14段以環編方式編
織，而腋窩上方則是前後部分
分開編織。
③按照圖示編織緣編A、B，最
後在胸前正中央綴上小熊。
●襪子
①以環編方式織襪子，腳跟部
分則採用引返編織。
②腳尖部分以低針併縫縫合，
最後在襪口部分織緣編B。

第10頁 ●

# 9～11

●
泰迪熊
全套外出服

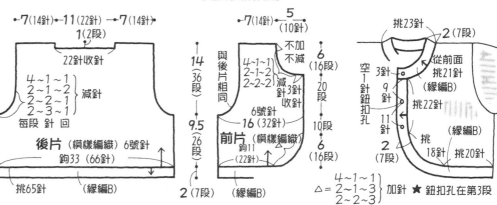

（模樣編織）

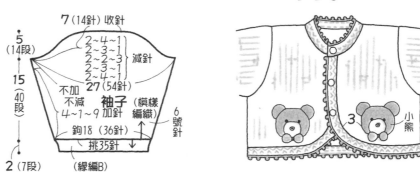

【短上衣的作法】

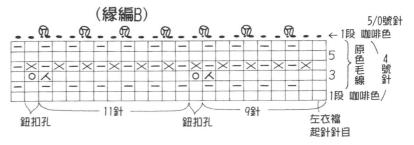

（緣編B）

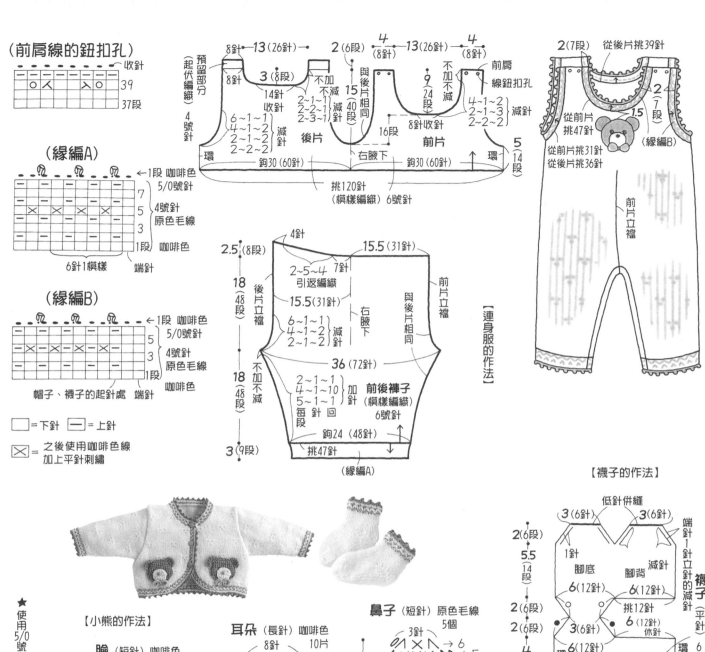

（前肩線的鈕扣孔）

收針
39
37段

（緣編A）
←1段 咖啡色
5/0號針
7
5 4號針
3 原色毛線
1段 咖啡色
6針1模樣 端針

（緣編B）
←1段 咖啡色
5/0號針
5 4號針
3 原色毛線
1段 咖啡色
帽子、襪子的起針處 端針

□＝下針　―＝上針
☒＝之後使用咖啡色線　加上平針刺繡

8針 13（26針） 2（6段） 4（8針） 13（26針） 4（8針）

〈起伏編織〉
預留編織
8針
3（8段）
14針 收針
6~1~1
4~1~2 減針
2~1~2
2~2~2
後片
環
鉤30（60針）
挑120針
（模樣編織）6號針

與後片相同 15 40段
不加 不減 減針
2~1~1
2~2~1
2~3~1
16段
右腋下
鉤30（60針）

前肩
線鈕扣孔
不加不減
9（24段）
8針收針
4~1~2
2~1~3 減針
2~2~2
與後片相同
前片
5（14段）
環

4針
2.5（8段） 15.5（31針）
2~5~4 7針
引返編織
15.5（31針）
後片立襠
18（48段）
6~1~1
4~1~2 減針
2~1~2
右腋下
36（72針）
不加不減
18（48段）
2~1~1
4~1~10
5~1~1
每段 針回 段
加針
前後褲子（模樣編織）6號針
鉤24（48針）
3（9段）
挑47針
（緣編A）

前片立襠
【連身服的作法】

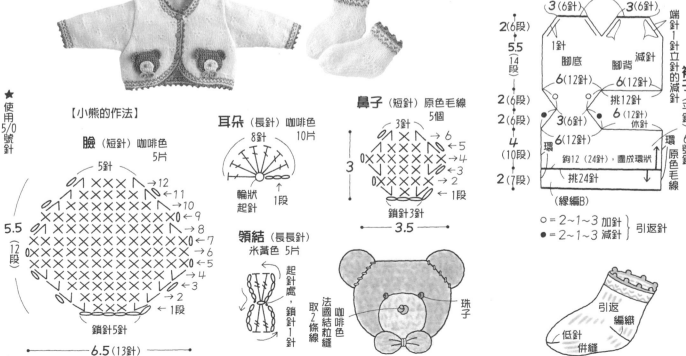

2（7段） 從後片挑39針
2（7段）
從前片挑47針
1.5
（緣編B）
從前片挑31針
從後片挑36針
前片立襠

★使用5/0號針

【小熊的作法】
臉（短針）咖啡色 5片
5針
5.5（12段）
→12
←11
→10
→8
→7
→6
→5
→4
→3
1段
鎖針5針
6.5（13針）

耳朵（長針）咖啡色 10片
8針
輪狀起針
1段

領結（長長針）米黃色 5片
起針處，鎖針1針

鼻子（短針）原色毛線 5個
3針
→6
→5
→4
→3
→2
1段
鎖針3針
3.5

咖啡色
法國結粒縫
取2條線
珠子

【襪子的作法】
低針併縫
3（6針） 3（6針）
2（6段）
5.5 14段
1針
腳底 腳背 減針
6（12針） 6（12針）
挑12針
2（6段）
3（6針）
6（12針） 6（12針） 休針
2（6段）
6（12針）
4（10段）
鉤12（24針），圍成環狀
環 原色毛線
2（7段）
挑24針
（緣編B）
端針1針立針的減針
襪子（平針）6號針

○＝2~1~3 加針
●＝2~1~3 減針 引返編織

引返 編織
低針 併縫

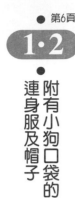

# 1·2

附有小狗口袋的連身服及帽子

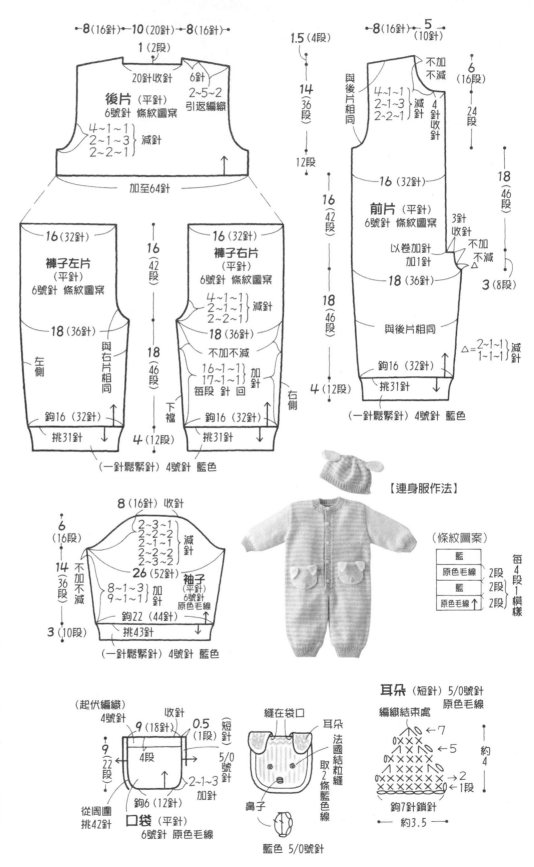

**後片**（平針）
6號針 條紋圖案

←8（16針）→←10（20針）→←8（16針）→
1（2段）
20針收針　6針
2~5~2
引返編織
4~1~1
2~1~3 減針
2~2~1
加至64針

**褲子左片**
（平針）
6號針 條紋圖案
16（32針）
18（36針）
左側
與右片相同
鉤16（32針）
挑31針

16（42段）
18（46段）

**褲子右片**
（平針）
6號針 條紋圖案
16（32針）
4~1~1
2~1~1 減針
2~2~1
18（36針）
不加不減
16~1~1
17~1~1 加針
每段 針回
下襬
右側
鉤16（32針）
挑31針
4（12段）

（一針鬆緊針）4號針 藍色

←8（16針）→←5（10針）→
1.5（4段）
14（36段）
12段
不加不減
與後片相同
4~1~1
2~1~3 減針
2~2~1　4針收針
6（16段）
24段
18（46段）

**前片**（平針）
6號針 條紋圖案
16（42段）
18（46段）
3針收針
以卷加針加1針
18（36針）
與後片相同
鉤16（32針）
挑31針
4（12段）
不加不減
3（8段）
△=2~1~1 減針
1~1~1

（一針鬆緊針）4號針 藍色

**袖子**（平針）
6號針 原色毛線
8（16針）收針
2~3~1
2~2~2
2~1~1 減針
2~2~2
2~3~2
26（52針）
8~1~3 加針
9~1~1
6（16段）
14（36段）
不加不減
3（10段）
鉤22（44針）
挑43針

（一針鬆緊針）4號針 藍色

**口袋**（平針）
6號針 原色毛線
（起伏編織）
4號針
9（18針）收針
0.5（1段）（短針）
4段
9（22段）
2~1~3 加針
5/0號針
鉤6（12針）
從周圍挑42針

**耳朵**（短針）5/0號針
原色毛線
編織結束處
約4
←7
←5
←3
→2
←1段
鉤7針鎖針
約3.5
縫在袋口
耳朵
法國結粒縫
取2條藍色線
鼻子
藍色 5/0號針

**【材料】**
毛線／連身服：HAMANAKA
可愛嬰兒棉（一般粗細）的原色毛線（2）120g及藍色（6）90g
帽子：原色毛線25g及藍色15g
鈕扣／1.3cm圓形鈕扣5顆
針／6號、4號棒針 5/0號鉤針

**【密度】**
平針20針、26段為10cm²

**【作法】**
**●連身服**
①身片部分使用原色毛線及藍色毛線，以平針織出條紋圖案，袖子則是使用原色毛線來編織。
②褲子後片部分以左右對稱的方式來編織，然後穿過立襠的42段邊端第1針，以挑針縫合接合。接著編織後身片部分，在於褲子左右部分的第1段中央處各加1針，變成64針。
③前身片部分則在前面正中央的開襟下方做3針收針。圖片為右前身片部分，左前身片則以對稱方式編織。
④在前後片的下擺以及袖口部分使用一針鬆緊針編織，接著接合肩線部分，並縫合腋下及袖下部分。
⑤編織衣領及衣襬部分，然後縫上袖子。
⑥如圖示編織口袋，最後以挑針縫合方式縫在前身片上。

**●帽子**
①以環編方式織出條紋圖案。
②頭圍部分使用一針鬆緊針來編織，最後在帽子左右兩側加上耳朵。

**【連身服作法】**

（條紋圖案）

| 藍 | |
| --- | --- |
| 原色毛線 | 2段 |
| 藍 | |
| 原色毛線↑ | 2段 |

每4段一模樣

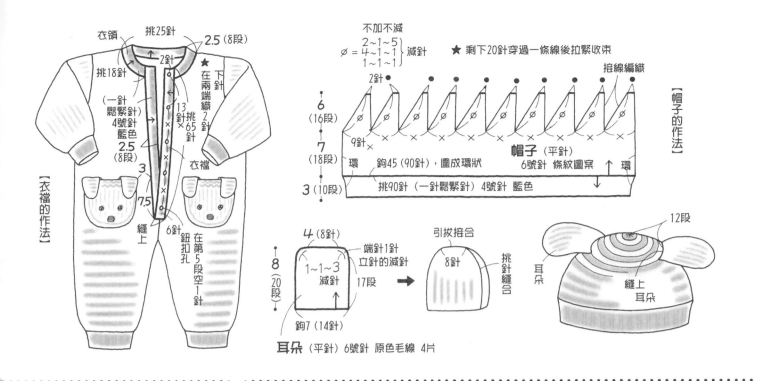

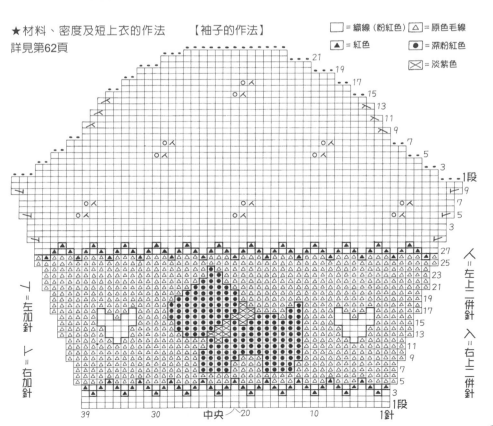

第22頁 ● **27** ● 淡粉紅色短上衣

★材料、密度及短上衣的作法 詳見第62頁

【袖子的作法】

□ =織線（粉紅色）　△ =原色毛線
▲ =紅色　● =深粉紅色
☒ =淡紫色

（平針刺繡）

(1)

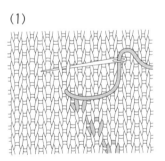

(2)

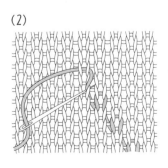

**第7頁**

## 3~5

**粉紅兔
三件組**

【材料】
毛線／拉格蘭袖毛衣：
HAMANAKA可愛嬰兒棉（一
般粗細）的原色毛線（2）150g
及粉紅色（4）100g
帽子：原色毛線與粉紅色各20g
鈕扣／1.5cm心型鈕扣3個
其他／2cm寬鬆緊帶50cm
針／6號、4號棒針 5/0號鉤針
【密度】
平針20針、27段為10cm²
【作法】
●毛衣
①身片部分只使用原色毛線，
以平針編織，袖子則使用原色
毛線與粉紅色毛線，以左右對
稱的方式織成每4段一條紋的條
紋圖案。
②拉格蘭線部分則是在做端針1
針立針的減針，然後在其內側
減針。
③毛衣下擺及袖口部分使用起
伏編織，然後收針。
④縫合腋下與袖下部分，並沿
著身片與袖子的相合記號縫
合，然後以挑針縫合方式縫合
拉格蘭線部分。
⑤編織衣領以及預留部分，接
著在上前端織短針。
⑥織好口袋後，然後穿過口袋
周圍短針的上針加以縫合。
●褲子
①編織與毛衣袖子的條紋圖案
一樣、左右形狀相同的2片織
片。
②縫合立襠及下襠部分，然後
折出袖口及腰部的摺痕部分並
縫合。
●帽子
①以環編方式織出條紋圖案。
②在第20段以後的10處地方，
以左上二併針方式減針。
③在頭圍部分織一針鬆緊針，
最後按照圖示在帽頂綴上耳
朵。

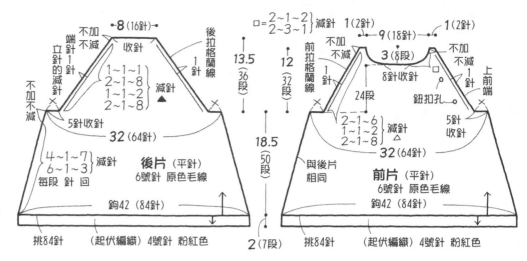

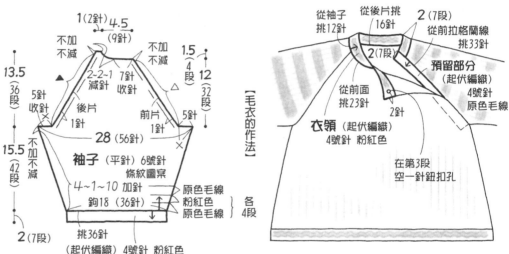

（前拉格蘭線的作法）

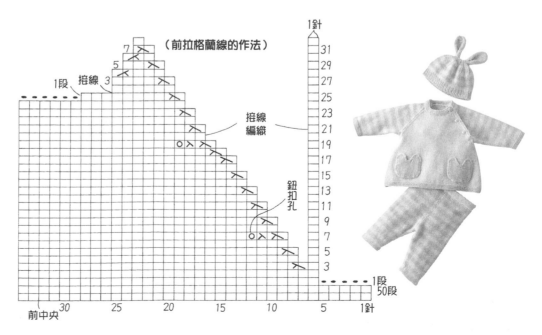

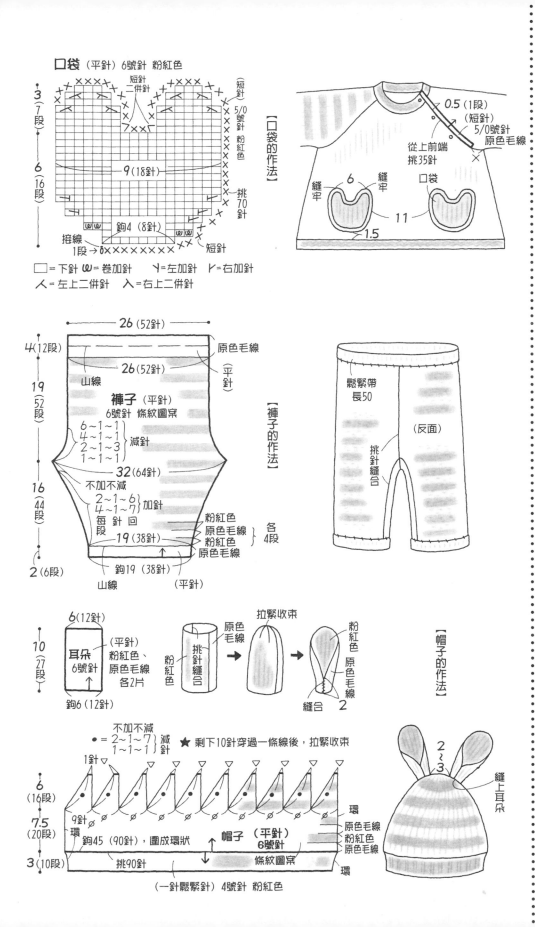

口袋（平針）6號針　粉紅色

短針二併針

（短針）

5/0號針　粉紅色

挑70針

3（7段）

6（16段）

9（18針）

鉤4（8針）

接線
1段→

短針

□＝下針　ｗ＝卷加針　ノ＝左加針　Ｙ＝右加針
人＝左上二併針　入＝右上二併針

【口袋的作法】

0.5（1段）（短針）
5/0號針　原色毛線

從上前端挑35針

縫牢　6　縫牢　口袋
11
1.5

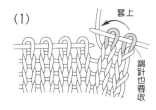

（收針）

(1) 套上　端針也要收

(2)

(3)

26（52針）

4（12段）
19（52段）
16（44段）
2（6段）

原色毛線（平針）

26（52針）

山線

褲子（平針）
6號針　條紋圖案

6～1～1
4～1～1
2～1～3　減針
1～1～1

32（64針）
不加不減

2～1～6
4～1～7　加針

每段一針回

粉紅色
原色毛線
粉紅色　各4段
原色毛線

19（38針）
鉤19（38針）
山線　（平針）

【褲子的作法】

鬆緊帶長50
（反面）
挑針縫合

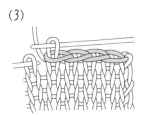

（1針鈕扣孔）

(1) 二針併一針　掛針

(2)

(3)

6（12針）
10（27段）

耳朵
6號針

（平針）
粉紅色、
原色毛線
各2片

鉤6（12針）

拉緊收束

原色毛線

挑針縫合

粉紅色

粉紅色
原色毛線

縫合
2

【帽子的作法】

不加不減
●＝2～1～7　減針
1～1～1

★剩下10針穿過一條線後，拉緊收束

1針

6（16段）
7.5（20段）
3（10段）

9針
環

環

帽子（平針）
6號針
條紋圖案

鉤45（90針），圍成環狀

原色毛線
粉紅色
原色毛線

挑90針

環

（一針鬆緊針）4號針　粉紅色

2～3
縫上耳朵

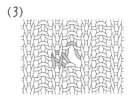

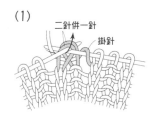

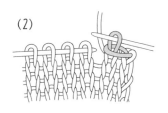

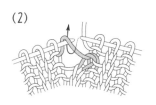

# 6
# 軟綿綿小兔子
# 連身服

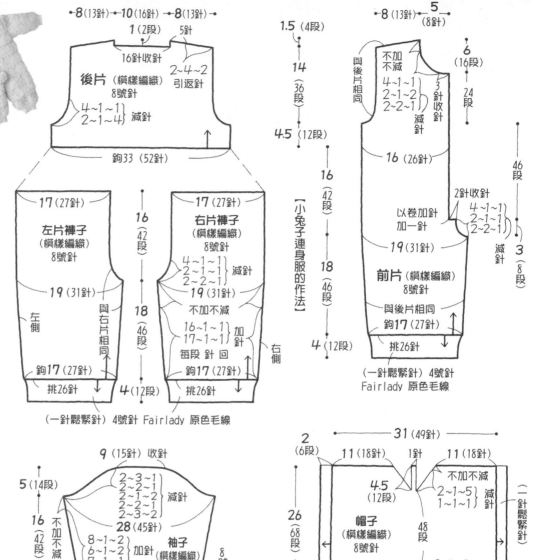

**後片**（模樣編織）8號針

←8（13針）→ 10（16針）→ 8（13針）→
1（2段）
5針
16針收針
2~4~2 引返針
4~1~1 1
2~1~4 減針
鈎33（52針）

**左片褲子**（模樣編織）8號針
17（27針）
19（31針）
左側
與右片相同
鈎17（27針）
挑26針

16（42段）
18（46段）
4（12段）

**右片褲子**（模樣編織）8號針
17（27針）
4~1~1 1
2~1~1 減針
2~2~1
19（31針）
不加不減
16~1~1 1
17~1~1 加針
每段針回
鈎17（27針）
挑26針
右側

（一針鬆緊針）4號針 Fairlady 原色毛線

1.5（4段）
14（36段）
4.5（12段）
16（42段）
18（46段）
4（12段）
【小兔子連身服的作法】

←8（13針）→ 5（8針）→
不加不減
與後片相同
4~1~1 1
2~1~2
2~2~1
3針收針
減針
6（16段）
24段
16（26針）
以卷加針 加一針
19（31針）
2針收針
4~1~1 1
2~1~1
2~2~1
減針
**前片**（模樣編織）8號針
與後片相同
鈎17（27針）
挑26針
46段
3（8段）

（一針鬆緊針）4號針 Fairlady 原色毛線

**【材料】**
毛線／HAMANAKA Soft Loop
（極粗的圈圈紗）的原色毛線
（1）220g、Fairlady50（一般粗
細）的原色毛線（2）80g、以
及粉紅色（9）40g
鈕扣／寬1.5mm的心型鈕扣5個
針／8號、4號棒針 5/0號鈎針
**【密度】**
模樣編織16針、26段約為10cm²
**【作法】**
①前後片以及袖子使用Soft
Loop以及Fairlady的毛線，以
模樣編織織出條紋圖案。每段落
織完後不要剪掉毛線，以縱渡
線方式換配色毛線。
②腰部以下後片的左右褲子部
分以左右對稱方式編織，然後
穿過後片立襠部分的第一針加
以縫合，接著繼續織上身片。
③前身片也是以左右對稱的方
式編織。接合肩線部分後，接
著從領口部分挑針，編織帽子
部分，然後縫合腋下、下襠、
前開襟下方以及袖下部分。
④從前開襟以及帽子邊緣部分
連續挑針，編織一針鬆緊針。
⑤在褲管及袖口部分以一針鬆
緊針編織，然後縫上袖子部
分。
⑥織完耳朵與尾巴後，縫在帽
子以及後身片上。

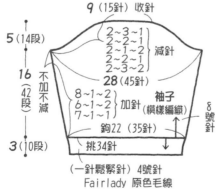

**袖子**（模樣編織）8號針
9（15針）收針
5（14段）
2~3~1
2~2~1
2~1~2 減針
2~1~2
2~3~2
16（42段）不加不減
28（45針）
8~1~2
6~1~2 加針
7~1~1
鈎22（35針）
3（10段）
挑34針

（一針鬆緊針）4號針 Fairlady 原色毛線

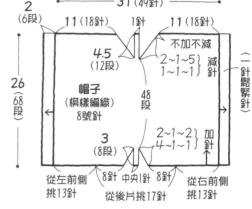

**帽子**（模樣編織）8號針
←31（49針）→
2（6段）
11（18針） 1針 11（18針）
不加不減
2~1~5 減針
1~1~1
4.5（12段）
26（68段）
48段
2~1~2 加針
4~1~1
3（8段）
從左前側挑13針
8針 中央1針 8針
從後片挑17針
從右前側挑13針
（一針鬆緊針）

**【小兔子耳朵的作法】**
在第32段，整段以二
針併一針方式減針
將毛線穿過11針
目後拉緊收束
11針（平針）
12（32段）
**耳朵** Soft Loop 原色毛線2片 8號針
鈎14（22針），
圍成環狀

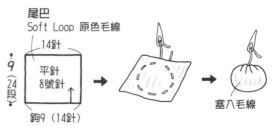

**【尾巴的作法】**
**尾巴** Soft Loop 原色毛線
14針
9（24段）
平針 8號針
鈎9（14針）
塞入毛線

（模樣編織）

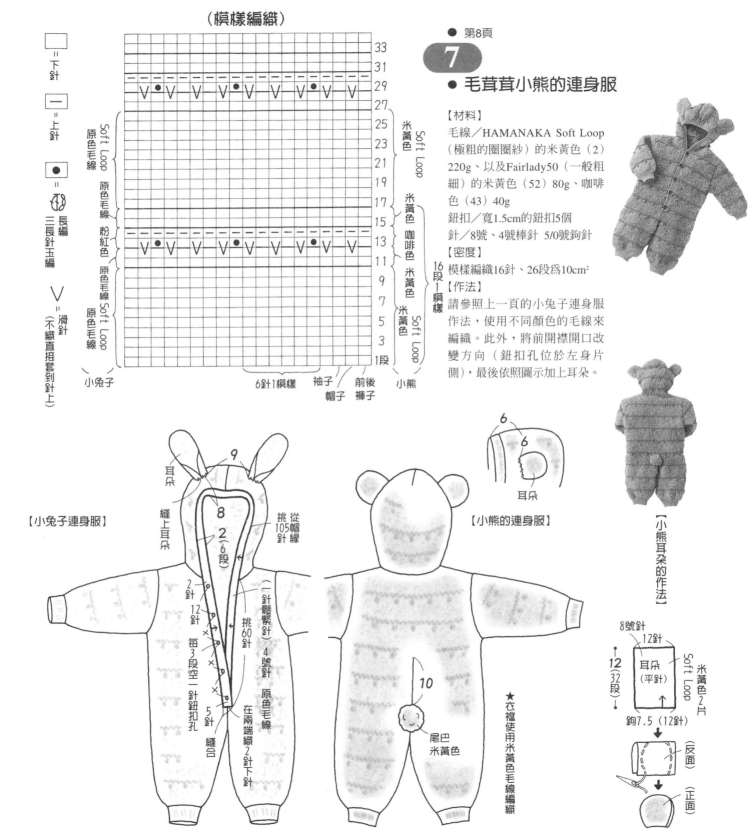

左側圖例：
□＝下針
■＝上針
●＝上針
⦿＝三長針玉編／長編
V＝滑針（不織直接套到針上）

圖表右側段數：33 31 29 27 25 23 21 19 17 15 13 11 9 7 5 3 1段

圖表右側顏色標示：
Soft Loop
米黃色
米黃色
咖啡色
米黃色
米黃色
Soft Loop

圖表左側顏色標示：
Soft Loop
原色毛線
原色毛線
原色毛線
粉紅色
原色毛線
Soft Loop
原色毛線

底部標示：
小兔子　6針1模樣　袖子 帽子　前後褲子　小熊

● 第8頁

# 7

## ● 毛茸茸小熊的連身服

【材料】
毛線／HAMANAKA Soft Loop
（極粗的圈圈紗）的米黃色（2）
220g、以及Fairlady50（一般粗
細）的米黃色（52）80g、咖啡
色（43）40g
鈕扣／寬1.5cm的鈕扣5個
針／8號、4號棒針 5/0號鉤針
【密度】
模樣編織16針、26段為10cm²
【作法】
請參照上一頁的小兔子連身服
作法，使用不同顏色的毛線來
編織。此外，將前開襟開口改
變方向（鈕扣孔位於左身片
側），最後依照圖示加上耳朵。

（左下圖示）
【小兔子連身服】
耳朵
9
縫上耳朵
8
2（6段）
從帽緣挑105針
2針
12針
挑60針
（1針鬆緊針）
4號針
原色毛線
每3段空一針鈕扣孔
在兩端織2針下針
5針
縫合

（中間圖示）
6
6
耳朵
【小熊的連身服】
10
尾巴
米黃色
★衣襬使用米黃色毛線編織

（右側圖示）
【小熊耳朵的作法】
8號針
12針
耳朵（平針）
Soft Loop
米黃色2片
12（32段）
鉤7.5（12針）
（反面）
（正面）

43

# 13

## 泰迪熊連帽披風

【材料】
毛線／HAMANAKA Fairlady50
（一般粗細）的原色毛線（2）
200g、咖啡色（43）40g、米黃色（52）20g
鈕扣／1.2mm圓形金屬押扣2組
針／6號、4號棒針、5/0號鉤針
【密度】
模樣編織20針、27段為10cm²

【作法】
①在披風下擺部分起針，在使用原色毛線織成的模樣編織織片上，織入泰迪熊的編織圖案。配色編織使用的毛線為原色毛線、咖啡色以及米黃色，由於使用縱渡線方式配色，故必須事先準備泰迪熊圖案數量所需的各色毛線，並分別修剪。
②披風織到第44段以後，接著依照圖示開始減針。剩下的70針，則在帽子的第一段後面中央的7處位置，各以二針併一針方式減至63針，然後繼續織帽子部分。
③在披風下擺、前端以及帽緣部分編織緣編。在帽子的第3段穿過拉繩後，在拉繩前端綴上毛線球。
④織完耳朵後，縫在配色編織圖案上，最後在帽子縫上耳朵。

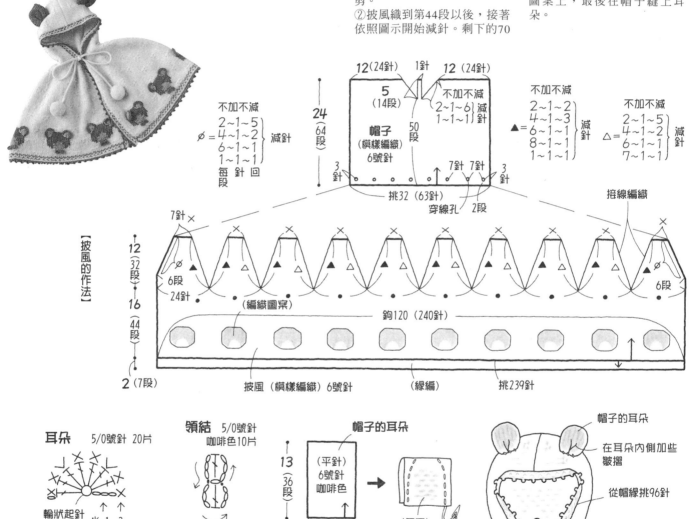

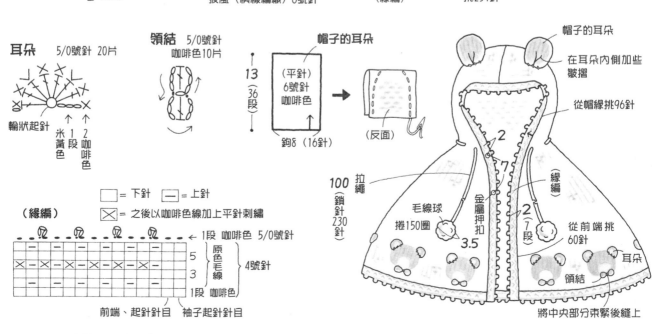

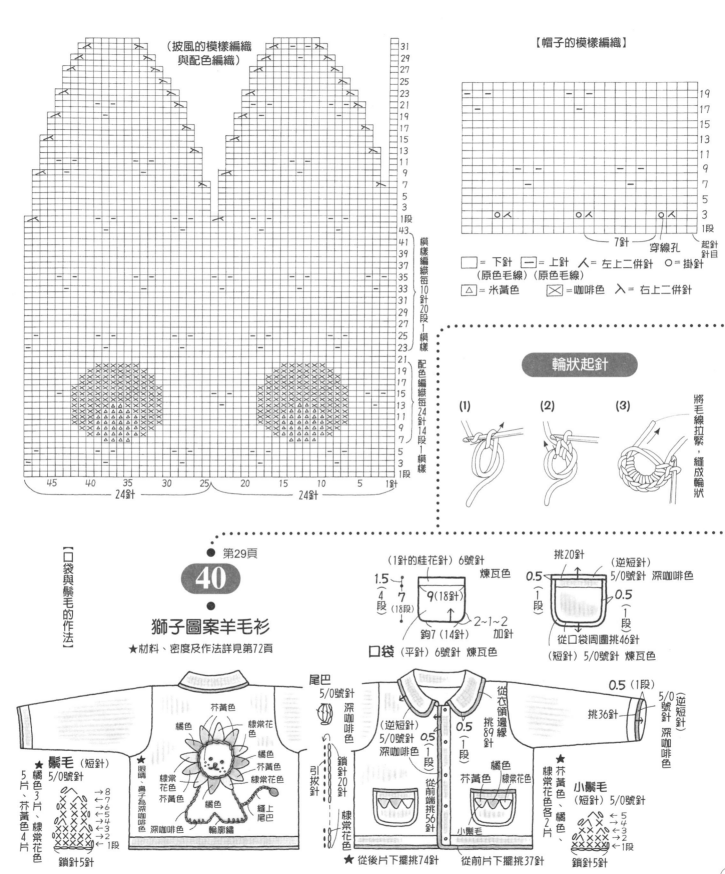

（披風的模樣編織與配色編織）

模樣編織每10針20段1模樣

配色編織每24針14段1模樣

24針　24針

【帽子的模樣編織】

7針　穿線孔　起針針目

□ = 下針　一 = 上針　人 = 左上二併針　○ = 掛針
（原色毛線）（原色毛線）

△ = 米黃色　⊠ = 咖啡色　入 = 右上二併針

**輪狀起針**

(1)　(2)　(3)

將毛線拉緊，縫成輪狀

● 第29頁

## 40

### 獅子圖案羊毛衫

★材料、密度及作法詳見第72頁

【口袋與鬃毛的作法】

（1針的桂花針）6號針　煉瓦色

1.5（4段）　7（18段）　9（18針）

2~1~2 加針

鉤7（14針）

口袋（平針）6號針　煉瓦色

挑20針　（逆短針）5/0號針 深咖啡色

0.5（1段）　0.5（1段）

從口袋周圍挑46針
（短針）5/0號針 煉瓦色

尾巴　5/0號針　深咖啡色

從衣領邊緣挑89針

（逆短針）5/0號針 深咖啡色

0.5（1段）　0.5（1段）

挑36針　0.5（1段）（逆短針）5/0號針 深咖啡色

芥黃色　橘色　棕棠花色　橘色　芥黃色
棕棠花色　芥黃色　橘色

眼睛、鼻子為深咖啡色

深咖啡色　輪廓繡

鬃毛（短針）5/0號針

★橘色3片、芥黃色4片、棕棠花色5片

→8　→7　→6　→5　→4　→3　→2　1段

鎖針5針

引拔針　鎖針20針

縫上尾巴

棕棠花色

橘色　芥黃色　棕棠花色
小鬃毛

小鬃毛（短針）5/0號針

★芥黃色、橘色、棕棠花色各2片

→5　→4　→3　→2　1段

鎖針5針

從前端挑56針

★從後片下擺挑74針　★從前片下擺挑37針

45

森林小熊
連身兔裝

【材料】
毛線／HAMANAKA Fairlady50（一般粗細）的原色毛線（2）240g、咖啡色（43）40g、米黃色（52）35g，以及黃色（70）、深咖啡色（40）各少許。
鈕扣／2cm的泰迪熊鈕扣4個、1.4cm的圓形金屬押扣13組
其他／3mm寬咖啡色緞帶20cm、2mm黑色圓形珠子2顆
針／6號、4號棒針 5/0號鉤針
【密度】
平針20針、27段，以及模樣編織20針、32段均為10cm²
【作法】
①身片部分使用原色毛線，以平針來編織。後片方面，到下襠部分之前的48段左、右片分開織，自第49段起將左右兩片連接起來織成一片，繼續織上身片部分。
②袖子部分以模樣編織織成。每一段的配色結束後，不要剪斷毛線，直接以縱渡線方式來換配色編織。
③接合肩線部分，並縫合腋下、袖下部分，接著以一針鬆緊針及緣編方式編織褲管及袖口部分。
④編織正面鑲邊部分，然後從領口的正面挑針，編織帽子。
⑤從後片的左右下襠部分挑針，編織襠分部分，接著再編織下襠鑲邊。
⑥縫上袖子後，在前後身片加上刺繡，並在左胸口前綴上小熊。
⑦為了做出兩穿式連身兔裝，請依照圖示縫上金屬押扣後，再縫上扣子。

【兩穿式連身兔裝的身片、袖子的作法】

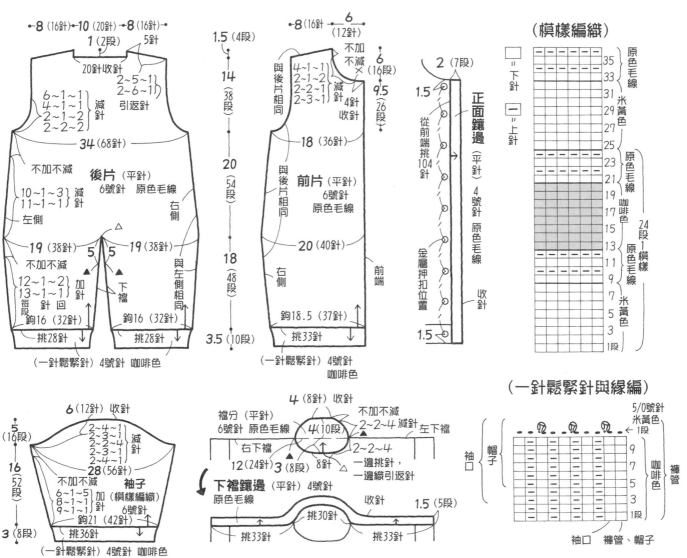

（模樣編織）

□＝下針　─＝上針

原色毛線
米黃色
原色毛線
咖啡色
原色毛線
米黃色

24段1模樣

←8（16針）→10（20針）←8（16針）
1（2段）
5針
20針收針
2~5~1
2~6~1 引返針
6~1~1
4~1~1 減針
2~1~2
2~2~2
34（68針）
不加不減
後片（平針）
6號針 原色毛線
右側
10~1~3
11~1~1 減針
左側
19（38針） 5 5 19（38針）
不加不減
12~1~2
13~1~1 加針
每段針回
鉤16（32針） 下襠 鉤16（32針）
挑28針 挑28針
（一針鬆緊針）4號針 咖啡色

1.5（4段）
14（38段）
20（54段）
18（48段）
3.5（10段）

←8（16針）← 6（12針）
不加不減
4~1~1
2~1~2
2~2~1 減針
2~3~1
4針收針
18（36針）
與後片相同
前片（平針）
6號針 原色毛線
20（40針）
右側 前端
鉤18.5（37針）
挑33針
（一針鬆緊針）4號針 咖啡色

6（16段）
9.5（26段）

2（7段）
1.5
正面鑲邊（平針）4號針 原色毛線
從前端挑104針
金屬押扣位置
收針
1.5

6（12針）收針
5（16段）
2~4~1
2~3~1
2~2~4 減針
2~3~1
2~4~1
28（56針）
不加不減
袖子
6~1~5
8~1~4 加（模樣編織）
9~1~1 6號針
鉤21（42針）
挑36針
16（52段）
3（8段）
（一針鬆緊針）4號針 咖啡色

4（8針）收針
襠分（平針）6號針 原色毛線
右下襠
12（24針）3（8段）
4（10段）
2~2~4 減針
2~2~4
左下襠
8針
一邊挑針，一邊織引返針
下襠鑲邊（平針）4號針 原色毛線
挑30針 收針 1.5（5段）
挑33針 挑33針

（一針鬆緊針與線編）
5/0號針
米黃色 1段
袖口
帽子
9 7 5 3 1段 咖啡色
褲管
袖口 褲管、帽子

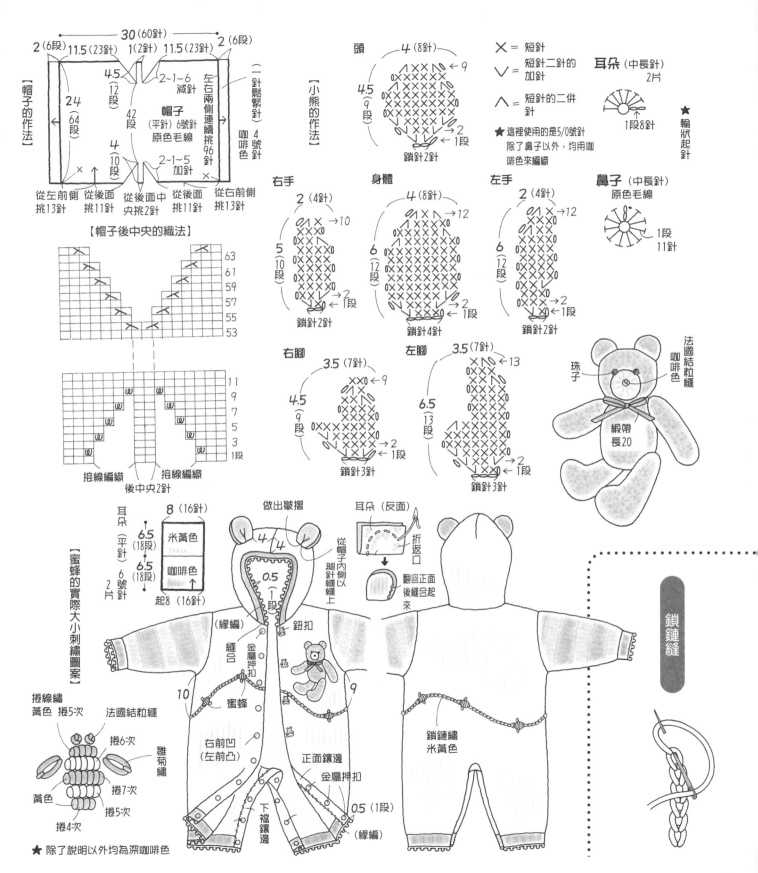

【帽子的作法】

30（60針）

2（6段）　11.5（23針）　1（2針）　11.5（23針）　2（6段）

4.5
（12段）
2~1~6減針

24（64段）

帽子（平針）6號針 原色毛線

42段

咖啡色 4號針

左右兩側連續挑96針

（一針鬆緊針）

4（10段）
2~1~5加針

從左前側挑13針　從後面挑11針　從後面中央挑2針　從後面挑11針　從右前側挑13針

【帽子後中央的織法】

63　61　59　57　55　53

11　9　7　5　3　1段

接線編織　接線編織

後中央2針

【小熊的作法】

頭　4（8針）
4.5（9段）

× = 短針
∨ = 短針二針的加針
∧ = 短針的二併針

★ 這裡使用的是5/0號針 除了鼻子以外，均用咖啡色來編織

耳朵（中長針）2片
1段8針

★ 輪狀起針

右手　2（4針）
5（10段）
鎖針2針

身體　4（8針）
6（12段）
鎖針4針

左手　2（4針）
6（12段）
鎖針2針

鼻子（中長針）原色毛線
1段11針

右腳　3.5（7針）
4.5（9段）
鎖針3針

左腳　3.5（7針）
6.5（13段）
鎖針3針

珠子　法國結粒縫　咖啡色　緞帶長20

【蜜蜂的實際大小刺繡圖案】

耳朵（平針）6號針 2片
8（16針）
6.5（18段）米黃色
6.5（18段）咖啡色
起8（16針）

做出皺摺　4　4　0.5（1段）

耳朵（反面）折返口

從帽子內側以迴針縫縫上

翻回正面後縫合起來

捲線繡 黃色 捲5次　法國結粒縫
捲6次　雛菊繡
黃色　捲7次　捲5次
捲4次

★ 除了說明以外均為深咖啡色

（緣編）　縫合　金屬押扣　蜜蜂　鈕扣
右前凹（左前凸）　正面鑲邊　金屬押扣
下襬鑲邊　10　9　0.5（1段）（緣編）

鎖鏈繡 米黃色

鎖鏈縫

47

# 15·16

● 第14頁

充滿柔軟皺摺的
祈福套裝

★帽子的作法詳見第52頁

【材料】
毛線／使用HAMANAKA可愛嬰兒棉（一般粗細）的原色毛線（2）280g來織嬰兒洋裝，帽子則使用40g
鈕扣／1cm寬心型鈕扣10個
其他／白色鬆緊線68cm
針／6號棒針 5/0號鉤針

【密度】
模樣編織與平針20針、26段均為10cm²

【作法】
①編織身片與袖子部分時，請依照圖示變換織法。有關三針玉編的織法請參照第51頁。
②從身片開始編織領肩部分時，後片部分以43次二針併一針以及3次一針維持不變的方式，前片部分則是以43次二針併一針以及一次一針維持不變的方式平均編織並收針，接著從領肩部分挑針。
③在前端部分，以鉤針勾出衣襬部分，接著從身片的反面挑針，編織衣領部分。
④以鬆緊線穿過袖口部分並拉緊，然後縫上袖子。
⑤編織9片小熊，在後片下擺部分綴上五片，前片下擺則綴上四片小熊。

【身片與袖子的作法】

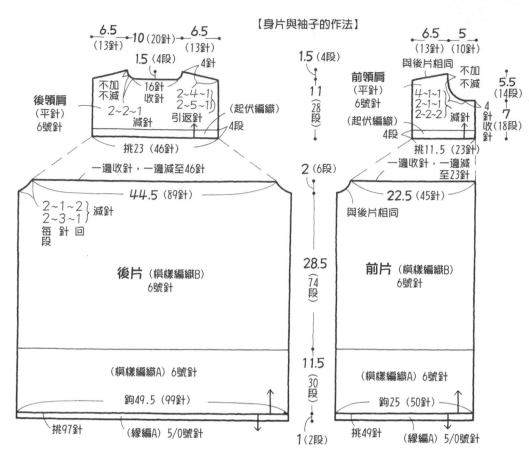

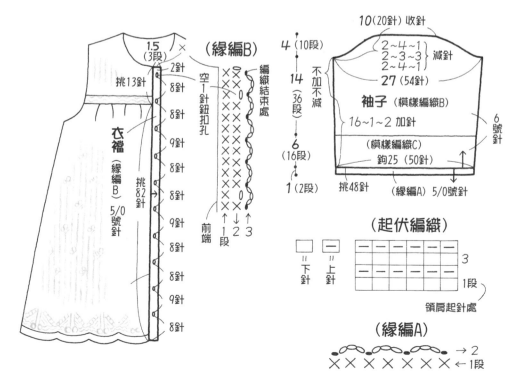

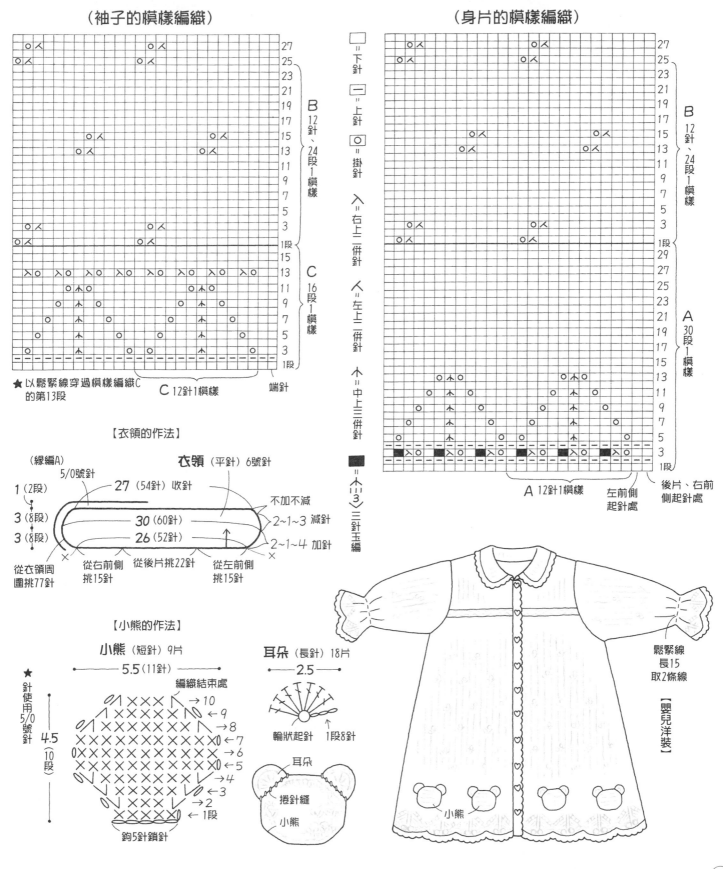

（袖子的模樣編織）

（身片的模樣編織）

□＝下針　━＝上針　◯＝掛針　入＝右上二併針　人＝左上二併針　个＝中上三併針　■＝个☰3 三針玉編

27　25　23　21　19　17　15　13　11　9　7　5　3　1段

B　12針、24段1模樣

15　13　11　9　7　5　3　1段

C　16段1模樣

★以鬆緊線穿過模樣編織C的第13段

C 12針1模樣　端針

【衣領的作法】

（線編A）　5/0號針　衣領（平針）6號針

1（2段）
3（8段）
3（8段）

27（54針）收針
30（60針）
26（52針）

不加不減
2~1~3 減針
2~1~4 加針

從衣領周圍挑77針　從右前側挑15針　從後片挑22針　從左前側挑15針

【小熊的作法】

小熊（短針）9片
5.5（11針）

★針使用5/0號針
4.5（10段）

編織結束處
→10　←9　→8　←7　→6　←5　→4　←3　→2　←1段

鉤5針鎖針

耳朵（長針）18片
2.5

輪狀起針　1段8針

耳朵
捲針縫
小熊

A　12針1模樣　左前側起針處　後片、右前側起針處

鬆緊線　長15　取2條線

【嬰兒洋裝】

小熊

第15頁 ●

**17**

幸運草加長背心
隨風搖曳的

【材料】
毛線／使用HAMANAKA可愛
嬰兒棉（一般粗細）的原色毛
線（2）140g
針／6號棒針 5/0號鉤針
【密度】
模樣編織20針、26段為10cm²

【作法】
①從身片的下擺部分開始織模
樣編織A，接下來改織模樣編織
B，至於前片部分則是在織完10
段平針後，再改織模樣編織B。
②領肩部分同樣以模樣編織B編
織，在第一段如下一頁所示，
分別進行減針。至於模樣編織B

的起針位置，請依照圖示變換
織法。
③接合肩線部分，縫合腋下部
分之後，接著織緣編。
④在衣襟開口部分加上繫繩。
與第49頁的嬰兒洋裝相同，在
前片下擺的平針織片部分縫上3
片貼花。

【背心的作法】

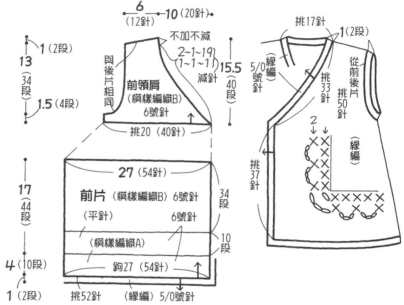

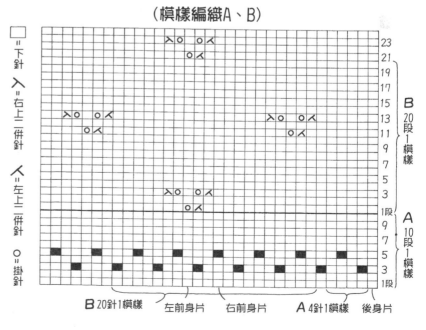

（模樣編織A、B）

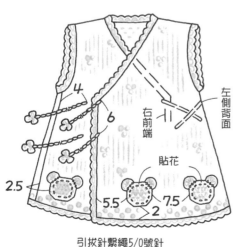

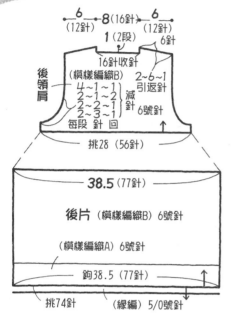

引拔針繫繩5/0號針
4條線
2條線
鉤22（鎖針48針）

■ = ""上針3""玉編

□ = ""下針""

入 = ""右上二併針""

人 = ""左上二併針""

〇 = ""掛針""

B 20針1模樣　　左前身片　　右前身片　　A 4針1模樣　　後身片

刺繡的基礎

輪廓繡

毛邊繡

法國結粒縫
繞一圈

捲線縫

雛菊繡

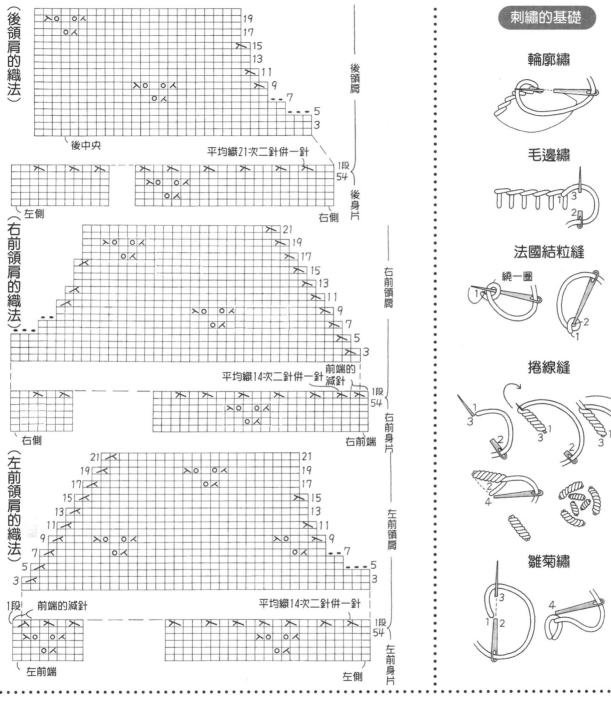

(後領肩的織法)

後中央

平均織21次二針併一針

後領肩

後身片

左側　　　右側

1段 54

(右前領肩的織法)

平均織14次二針併一針　前端的減針

右前領肩

右前身片

右側　　　右前端

(左前領肩的織法)

1段　前端的減針

平均織14次二針併一針

左前領肩

左前身片

左前端　　　左側

1段 54

三針玉編

(1) 在第一針依照「下針、掛針、下針」的順序織入

(2) 翻到背面，在第三針織上針（從正面看是下針）

(3) 翻回正面，織一針中上三併針後，再移到下一針

## （帽子的模樣編織）

★材料、密度以及嬰兒洋裝的作法詳見第48頁

【作法】

①如圖所示，從頭圍朝後頭部開始編織，然後將合印記號部分接合起來。

②在頸圍部分織緣編B，接著在頭圍部分織緣編A（詳見第48頁），然後穿過繩子，最後在繩子尖端綴上小熊擋珠。

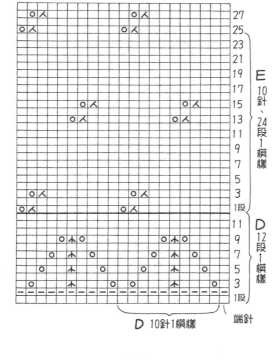

E
10針、24段1模樣

D
12段1模樣

D 10針1模樣　　端針

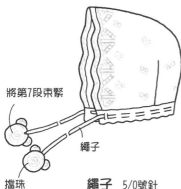

將第7段束緊

繩子

擋珠

## 繩子　5/0號針

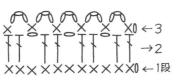

80（鎖針190針）

【帽子的作法】

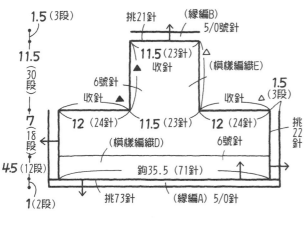

1.5（3段）

11.5（30段）

7（18段）

4.5（12段）

1（2段）

挑21針　（緣編B）5/0號針

11.5（23針）收針

6號針

收針 ▲

（模樣編織E）

1.5（3段）△

收針 △

12（24針）　11.5（23針）　12（24針）

（模樣編織D）　6號針

鉤35.5（71針）

挑73針　　（緣編A）5/0針

挑22針

## 擋珠（短針）
5/0號針　2片

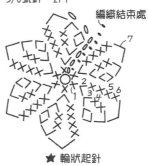

編織結束處

★ 輪狀起針

耳朵

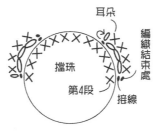

擋珠

第4段

接線

編織結束處

## （緣編B）

ⅩⅩⅩⅩⅩⅩⅩⅩⅩⅩ0 ←1段
→2
←3

Ⅹ = 短針　　Ⅴ = 短針二針的加針

∧ = 短針的二併針

【材料】

毛線／披風：HAMANAKA Fairlady50的（一般粗細）原色毛線（2）11g、翠綠色（8）60g

帽子：原色毛線30g、翠綠色15g

鈕扣／1.5cm圓形鈕扣4顆

針／6號、4號棒針 5/0號鉤針

【密度】

平針20針、26段為10cm²

【作法】

●披風

①從下擺開始起針，接著依照圖示織配色編織。以橫渡線方式配色，注意渡線時不要拉得太鬆或太緊。

②從分成11等分的兩側開始減針，直到織領口部分為止，然後收針，接著織7次二針併一針、63針不加不減，減至70針。

③將披風翻到背面，從收針的針目挑針織衣領部分。

④披風下擺以及前端部分以起伏編織編織，最後在衣領周圍以短針滾邊。

●帽子

①以配色編織方式織帽子，然後在帽頂部分減針。

②頭圍部分以起伏編織編織，最後收針。

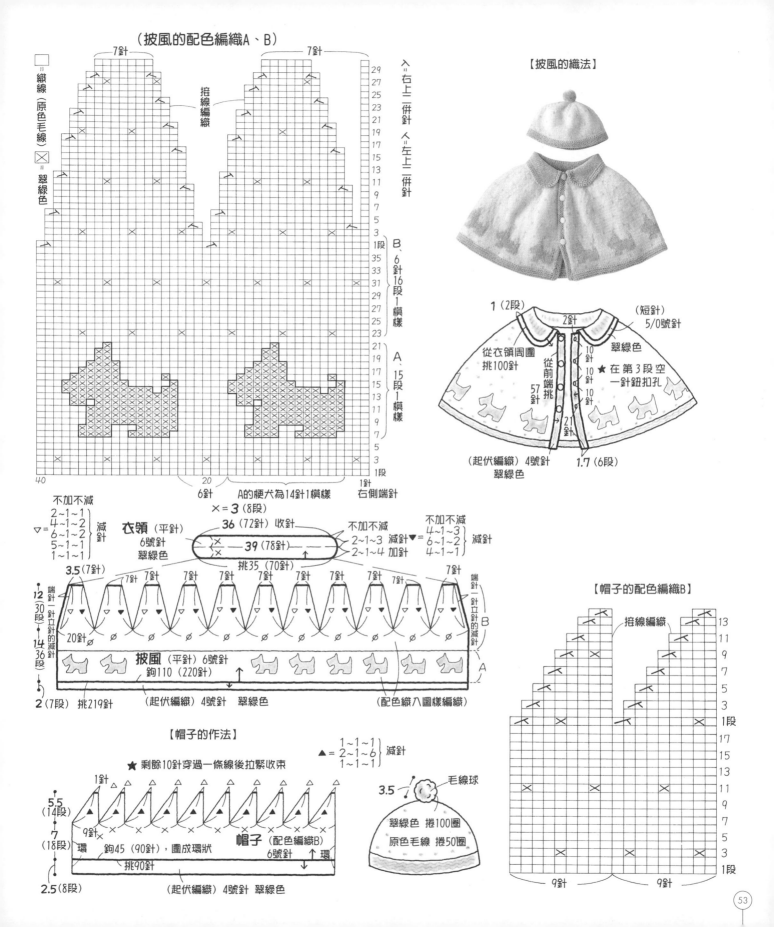

（披風的配色編織A、B）

7針　　　　　　7針

接線編織

入＝右上二併針　入＝左上二併針

B、6針16段1模樣

A、15段1模樣

6針　A的棞犬為14針1模樣　右側端針

40　　　20　　　1段

【披風的織法】

【披風的配色編織A、B】

1（2段）　2針　（短針）5/0號針

從衣領周圍挑100針　從前端針挑　翠綠色

★在第3段空一針鈕扣孔

57針　10針　10針　10針　21針

（起伏編織）4號針　翠綠色　1.7（6段）

不加不減
2~1~1
4~1~2
6~1~2　減針
5~1~1
1~1~1
▽＝

衣領（平針）6號針　翠綠色
×＝3（8段）

36（72針）收針
39（78針）
挑35（70針）

不加不減
4~1~3
6~1~2　減針
4~1~1

減針▼2~1~3
加針2~1~4

3.5（7針）　7針　7針　7針　7針　7針　7針　7針　7針　7針　7針　7針

12（30段）
14（36段）

20針

披風（平針）6號針　鉤110（220針）

（起伏編織）4號針　翠綠色

（配色織八圖樣編織）

2（7段）挑219針

B
A

【帽子的配色編織B】

接線編織

13　11　9　7　5　3　1段
17　15　13　11　9　7　5　3　1段

9針　　　9針

【帽子的作法】

★剩餘10針穿過一條線後拉緊收束

▲＝
1~1~1
2~1~6　減針
1~1~1

1針

5.5（14段）
7（18段）

9針

帽子（配色編織B）6號針　環

鉤45（90針），圍放環狀

挑90針

2.5（8段）　（起伏編織）4號針　翠綠色

3.5　毛線球

翠綠色　捲100圈
原色毛線　捲50圈

53

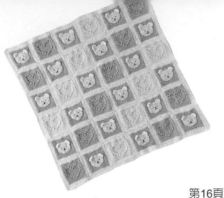

第16頁

# 18

## 綴滿愛心及小熊圖案的毛毯

【材料】
毛線／Rich More Percent（一般粗細）的藍色（22）85g、橄欖綠（20）55g、奶油色（2）50g、咖啡色（9）少許，以及美麗諾Veluce（一般粗細的圈圈紗）的原色毛線（1）140g
其他／3mm黑色圓形珠子36顆
針／6號棒針 5/0號鉤針
【密度】
一片織片21針、27段各約10cm²
【作法】
①使用藍色毛線，以平針織出織片A，接著使用原色毛線，在織片周圍勾短針滾邊，最後再綴上另外織好的小熊貼花。
②織片B、C為心型圖案（關於三針玉編的織法詳見第51頁），織18片，然後與織片A一樣加上緣編。
③以斜捲縫接合織片，最後使用原色毛線在織片周圍勾2段短針滾邊。

【毛毯的作法】

80

80

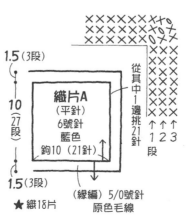

（短針）原色毛線

1（2段）

毛毯（織片36片）

從其中1邊挑150針　（短針）5/0號針　1（2段）
原色毛線

【織片B、C】

織片B 橄欖線 10片　織片C 奶油色 8片

□ =下針
■ =三針玉編

2120　15　10　5　1針
中央
鉤10（21針）

【織片A與緣編】

1.5（3段）

10（27段）

從其中1邊挑21針
↑↑↑
1 2 3 段

織片A
（平針）
6號針
藍色
鉤10（21針）

1.5（3段）

（緣編）5/0號針
原色毛線

★織18片

小熊（平針）6號針
原色毛線

約6（11針）

約5.5（15段）

鉤5針

人 =左上二併針　人 =右上二併針　乂 =左加針
□ =下針　回 =捲加針　ㄏ =右加針

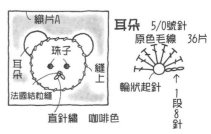

織片A
耳朵　珠子　縫上
耳朵
法國結粒縫　直針繡 咖啡色

耳朵 5/0號針
原色毛線 36片

輪狀起針
↑
1段8針

**【材料】**

毛線／HAMANAKA可愛嬰兒棉（一般粗細）的原色毛線（2）65g、蛋黃色（11）25g

針／6號棒針 5/0號鉤針

**【密度】**

平針20針、26段為10cm²

**【作法】**

①在身片的前12段織出條紋圖案，自第13段起、到肩線為止改用原色毛線來編織。

②接合肩線部分，並縫合腋下部分，接著開始織緣編。

③在上衣背後加上刺繡，最後在左右前端、右腋下、以及左腋下內側縫上繩子。

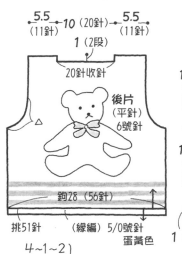

**（條紋圖案與平針刺繡）**

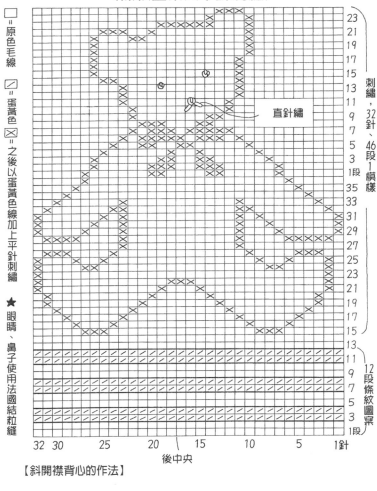

□ ＝原色毛線

╱ ＝蛋黃色

⊠ ＝之後以蛋黃色線加上平針刺繡

★ 眼睛、鼻子使用法國結粒縫

直針繡

刺繡，32針、46段1模樣

12段條紋圖案

32 30　25　20　15　10　5　1針

後中央

**【斜開襟背心的作法】**

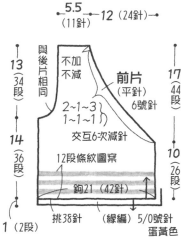

5.5（11針）─10（20針）─5.5（11針）

1（2段）

20針收針

後片（平針）6號針

鉤28（56針）

挑51針　（緣編）5/0號針 蛋黃色

13（34段）

14（36段）

1（2段）

4~1~2
△＝2~1~3 }減針
2~2~1

每段　針　回

5.5（11針）─12（24針）

1（2段）

與後片相同

不加不減

前片（平針）6號針

2~1~3
1~1~1 } 交互6次減針

12段條紋圖案

鉤21（42針）

挑38針　（緣編）5/0號針 蛋黃色

17（44段）

10（26段）

1（2段）

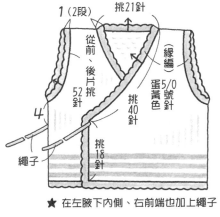

1（2段）　挑21針

從前、後片挑52針

挑40針

挑18針

（緣編）蛋黃色 5/0號針

4

繩子

★ 在左腋下內側、右前端也加上繩子

**22**
（鎖針50針）　繩子 5/0號針 蛋黃色 4條

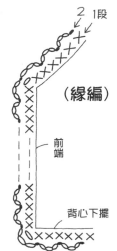

2 1段

（緣編）

前端

前端

背心下擺

【材料】
毛線／HAMANAKA可愛嬰兒棉（一般粗細）的蛋黃色（11）50g、原色毛線（2）10g
鈕扣／長1.3cm的兔型鈕扣4個
針／6號棒針 5/0號鉤針
【密度】
模樣編織以及平針20針、26段均為10cm²
【作法】
①以模樣編織及平針來編織身片部分。在模樣編織的第5～11段改織中上三併針，在左前端側則改織左上二併針。
②接合肩線部分，並縫合腋下部分，接著織緣編部分。使用蛋黃色毛線在左右前端延續到領口部分的第一段織短針，自第二段起改用原色毛線，以鎖針勾荷葉邊延續到背心下襬部分。
③在模樣編織的上方以及左胸口加上刺繡。最後在左前端縫上鈕扣，將右前端緣編的荷葉邊當作鈕扣孔扣住鈕扣。

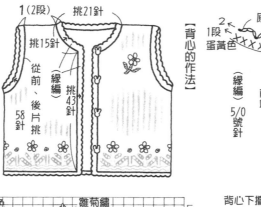

**（模樣編織與刺繡）**

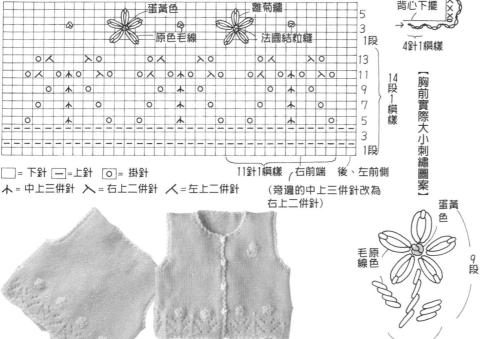

□＝下針　─＝上針　ⵔ＝掛針
⋏＝中上三併針　入＝右上二併針　人＝左上二併針

【材料】
毛線／Rich More Percent（一般粗細）的淡橘色（81）110g、橘色（86）25g、咖啡色（76）5g，以及美麗諾Veluce（一般粗細的圈圈紗）的原色毛線（1）25g
鈕扣／1.3cm圓形鈕扣5顆
針／6號棒針、5/0號鉤針
【密度】使用Rich More Percent毛線織平針20針、28段為10cm²
【作法】
①使用淡橘色毛線，以平針編織身片以及袖子部分。
②接合肩線部分，並縫合腋下及袖下部分，接著使用鉤針勾緣編。在身片下襬以及前端的1～3段分別勾緣編，自第4段起從左前端到身片下襬以及右前端連續勾緣編。
③翻到身片反面挑針，接著開始織衣領部分，然後縫上袖子部分。
④織好口袋部分後，縫在前身片下襬上，接著在衣領、袖口以及後身片上加上刺繡。最後依照圖示織好耳朵部分，再將耳朵約一半部分縫在衣服上，使耳朵懸空。

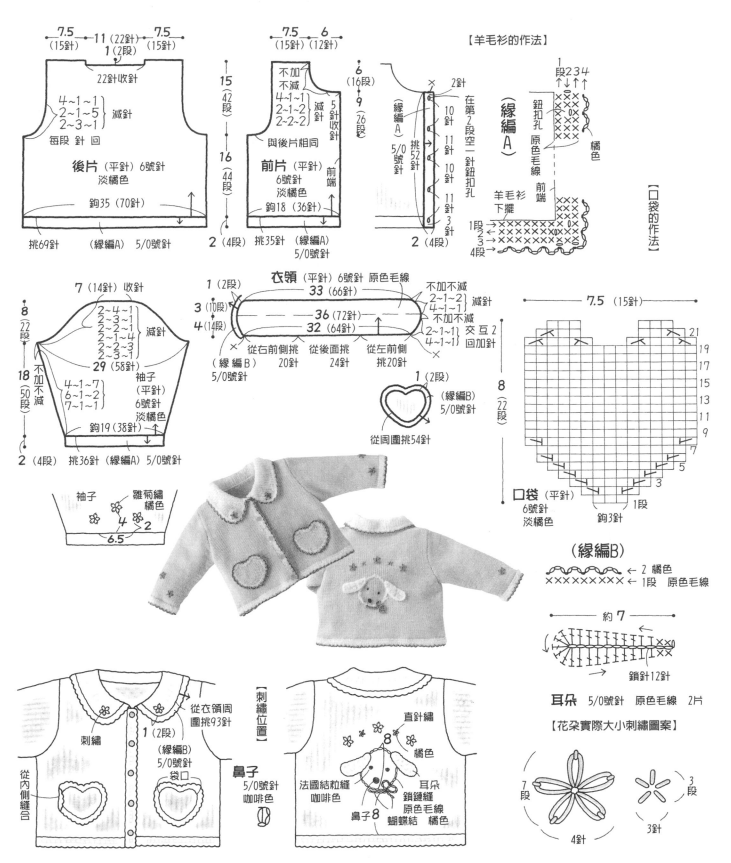

【羊毛衫的作法】

7.5 (15針) ── 11 (22針) ── 7.5 (15針)
1 (2段)
22針收針
4~1~1
2~1~5 減針
2~3~1
每段 針 回
後片（平針）6號針 淡橘色
鉤35 (70針)
挑69針 （緣編A） 5/0號針

15 (42段)
16 (44段)
2 (4段)

7.5 (15針) ── 6 (12針)
不加不減
4~1~1
2~1~2 減針
2~2~2
5針收針
與後片相同
前片（平針）6號針 淡橘色
前端
鉤18 (36針)
挑35針 （緣編A） 5/0號針

6 (16段)
9 (26段)
2 (4段)

2針
（緣編A）
5/0號針
在第2段空二針鈕扣孔
10針
11針
10針
11針
11針
3針
挑52針

（緣編A）
1 段234
↓↑↑
鈕扣孔
原色毛線
前端
羊毛衫下擺
1段
2
3
4段
橘色
【口袋的作法】

7 (14針) 收針
8 (22段)
2~4~1
2~3~1
2~2~1
2~1~4 減針
2~3~1
29 (58針)
18 (50段)
不加不減
4~1~7
6~1~2 袖子（平針）6號針 淡橘色
7~1~1
鉤19 (38針)
2 (4段) 挑36針 （緣編A） 5/0號針

衣領（平針）6號針 原色毛線
1 (2段) 33 (66針)
3 (10段) 36 (72針)
4 (14段) 32 (64針)
不加不減
2~1~2 減針
4~1~1
不加不減
交互2回加針
2~1~1
4~1~1
從右前側挑20針 從後面挑24針 從左前側挑20針
（緣編B）5/0號針

8 (22段)

1 (2段) （緣編B）5/0號針
從周圍挑54針

7.5 (15針)
21
19
17
15
13
11
9
7
5
3
口袋（平針）6號針 淡橘色
鉤3針
1段

（緣編B）
～～～ ← 2 橘色
×××××× ← 1段 原色毛線

約 7
鎖針12針

耳朵 5/0號針 原色毛線 2片

【花朵實際大小刺繡圖案】
7段
4針
3段
3針

袖子 雛菊繡 橘色
4
2
6.5

從衣領周圍挑93針
刺繡
1 (2段)
（緣編B）5/0號針
袋口
從內側縫合

【刺繡位置】
鼻子
5/0號針 咖啡色

直針繡
8
橘色
法國結粒縫 咖啡色
耳朵 鎖鏈縫 原色毛線
鼻子8 蝴蝶結 橘色

【材料】

毛線／

羊毛衫：Rich More Percent毛線（一般粗細）的原色毛線（1）100g、藍色（22）60g、藍灰色（119）少許

褲子：藍色95g、原色毛線20g

帽子：原色毛線30g及藍色25g

鈕扣／1.5cm圓形鈕扣4顆

其他／2cm寬鬆緊帶50cm

針／6號、4號棒針 5/0號鉤針

【密度】

平針20針、27段為10cm²

【作法】

●羊毛衫

①後片及袖子均使用單色原色毛線、以平針編織，前片則在每8段一條紋當中，織出小熊圖案。

②上衣下擺與袖口部分使用起伏編織編織，然後收針。

③使用一針鬆緊針編織衣領。接合肩膀部分後，將領口外側疊在衣領的內側，以待針將身片與衣領固定住，然後將棒針穿過身片及衣領的第1針，開始織鑲邊第1段的短針。第2段的方眼編則接續第1段的短針，使第2段的起始部分圍繞在身片的內側。

④縫上袖子，並縫合腋下、袖下部分。

⑤使用輪廓繡替小熊圖案滾邊，最後在衣領綴上毛線球。

●褲子

①編織左右形狀相同的織片。

②縫合立襠及下襠部分，並折出褲管的摺痕。

③將鬆緊帶兩邊縫合成圈狀，

置於腰部的摺痕部分。

●帽子

①使用平針編織環編，並在帽頂10處地方減針。

②從頭圍部分挑針之後，開始用短針織出帽邊。自第4段起改為筋編，並做出摺痕。

③翻出帽邊後，使用鎖鏈縫繡上裝飾線。最後與羊毛衫衣領一樣，在帽頂綴上毛線球。

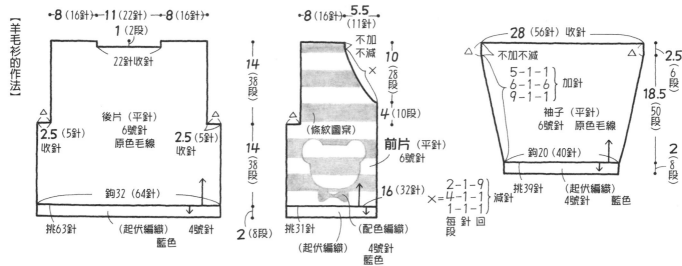

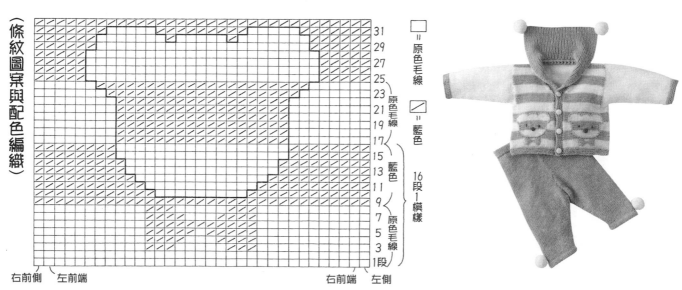

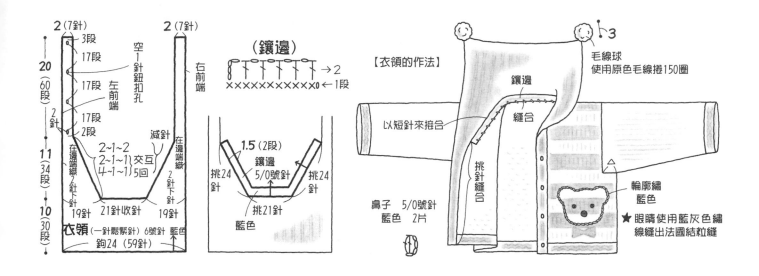

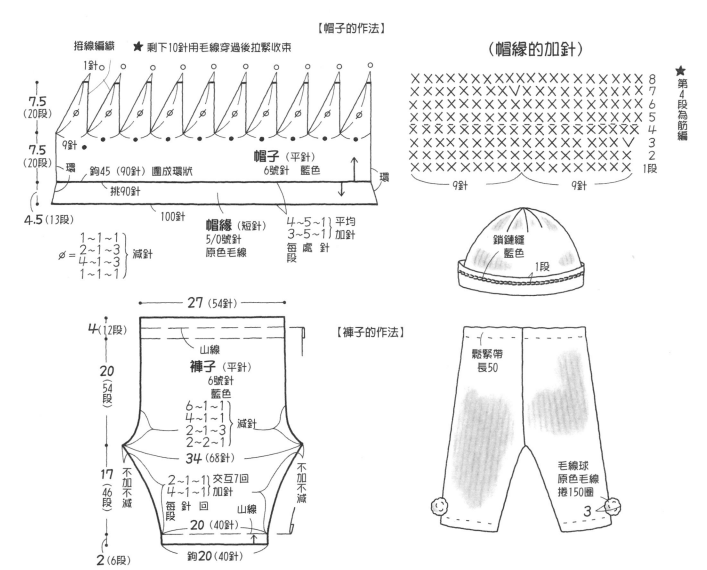

第21頁 ● **26** ● 小兔子與愛心圖案背心

【材料】
毛線／Rich More Percent（一般粗細）的原色毛線（1）70g、粉紅色（67）25g
鈕扣／1.2cm圓形鈕扣5顆
其他／2mm圓形紫紅色珠子2顆
2.3cm寬安全別針一個
針／6號、4號棒針 5/0號鉤針
【密度】
平針20針、27段為10cm²

【作法】
①使用原色毛線，以平針編織身片部分，接著用粉紅色毛線，以起伏編織編織下擺部分。
②縫合肩線部分，並縫合腋下部分，接著同樣以起伏編織來編織領口、前端、袖口部分。
③在後片領口以及前片下擺部分加上平針刺繡，最後依照圖示製作別針。

【背心的作法】

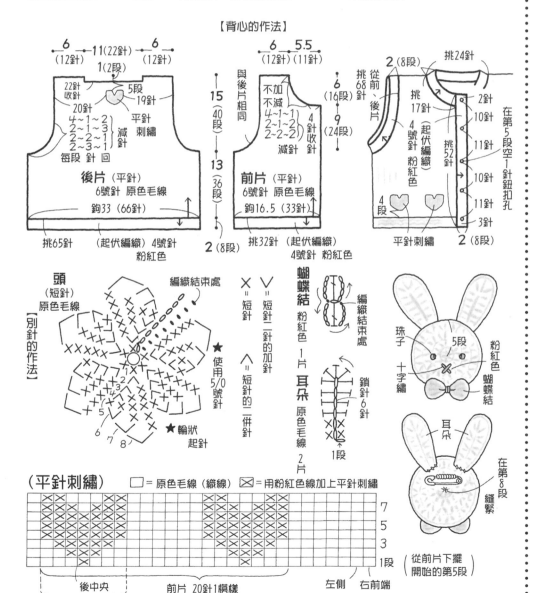

後片（平針）
6號針 原色毛線
鉤33（66針）

挑65針 （起伏編織）4號針
粉紅色

前片（平針）
6號針 原色毛線
鉤16.5（33針）

挑32針 （起伏編織）
4號針 粉紅色

平針刺繡

頭（短針）原色毛線
編織結束處
【別針的作法】
使用5/0號針
★輪狀起針

蝴蝶結 粉紅色 1片
耳朵 原色毛線 2片
鎖針6針
1段

×=短針
∨=短針二針的加針
∧=短針的二併針

珠子
十字繡
5段
粉紅色
蝴蝶結

耳朵
在第8段縫緊

（平針刺繡） □=原色毛線（織線） ⊠=用粉紅色線加上平針刺繡

後中央
前片 20針1模樣
左側 右前端
後片 7針1模樣
（從前片下擺開始的第5段）

---

● 第34頁

**47**

● 充滿浪漫風格的兔子外套

【材料】
毛線／Rich More Neo Fantasy（極粗漸層毛線）的粉紅色（17）240g、Rich More Peaulimp（極粗金銀絲）的原色毛線（9）145g
鈕扣／1.4cm圓形金屬押扣5組
針／8號、12號棒針 7/0號鉤針
【密度】
平針17針、24段以及起伏編織13針、20段均為10cm²
【作法】
①使用粉紅色毛線，以平針編織身片及袖子部分，外套下擺以及袖口部分則使用原色毛線，以起伏編織編織。
②從前端挑針，以平針編織鑲邊部分，編好後即收針。再將鑲邊部分折好，縫在身片內側。
③縫合肩線部分後，翻到身片的正面，從領口挑針編織帽子，然後接合帽頂部分，再以起伏編織編織頭圍部分。
④縫合腋下、袖下部分，並縫上袖子。
⑤織好口袋與毛線球後，縫在前身片上，最後用縫線在衣襟開口縫上金屬押扣。

【外套的作法】

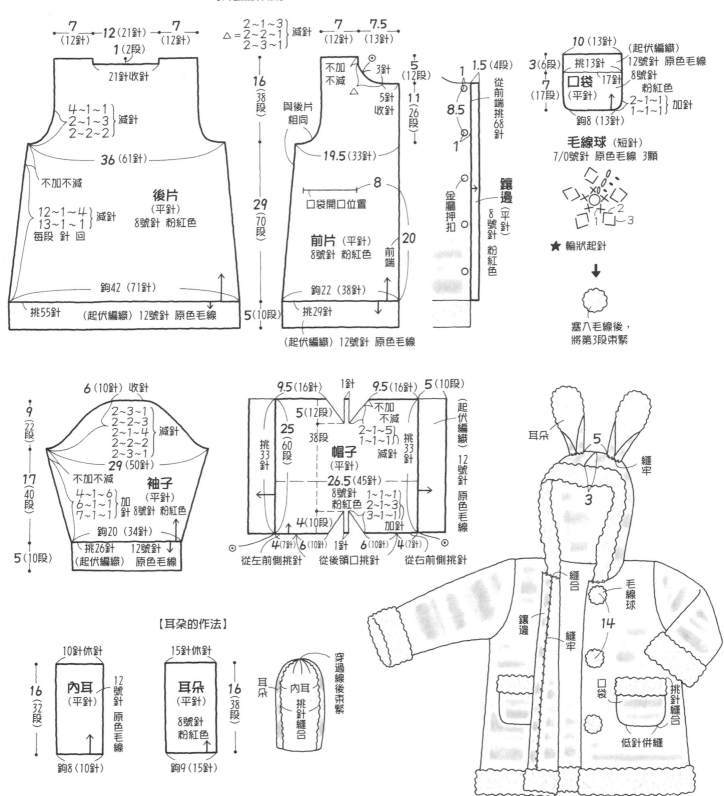

# 27・28

淡粉紅色短上衣及背心裙

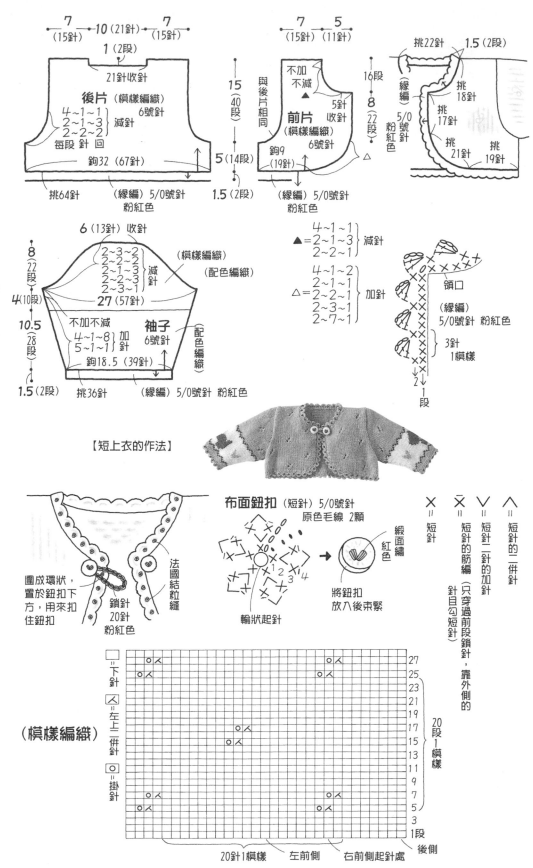

**後片**（模樣編織）6號針
```
7        10（21針）     7
（15針）              （15針）
          1（2段）
       21針收針
4～1～1
2～1～3  減針
2～2～2
每段 針 回
鉤32（67針）
```
挑64針  （緣編）5/0號針  粉紅色

**前片**（模樣編織）6號針
```
7         5
（15針）  （11針）
不加
不減  ▲
與後片相同
         5針
         收針
鉤9
（19針）  △
```
15（40段）
5（14段）
1.5（2段）
16段
8（22段）
挑22針   1.5（2段）
挑18針
挑17針
挑21針
挑19針
（緣編）5/0號針  粉紅色
（緣編）5/0號針  粉紅色

**袖子** 6號針
```
6（13針）收針
2～3～2
2～2～2
2～1～3  減針
2～2～4
2～3～1
27（57針）
不加不減
4～1～8  加
5～1～1  針
鉤18.5（39針）
```
8（22段）
4（10段）
10.5（28段）
1.5（2段）
挑36針  （緣編）5/0號針  粉紅色
（模樣編織）
（配色編織）

```
▲ = 4～1～1
    2～1～3  減針
    2～1～1
△ = 4～1～2
    2～1～1
    2～1～1  加針
    2～3～1
    2～7～1
```

領口（緣編）5/0號針 粉紅色
3針 1模樣

【材料】
毛線／短上衣：Rich More Percent（一般粗細）的粉紅色（67）75g、原色毛線（1）15g、紅色（64）10g、深粉紅色（65）5g、淡紫色（68）5g
背心裙：粉紅色100g、原色毛線30g、紅色10g、深粉紅色15g、淡紫色5g
鈕扣／1.5cm圓形鈕扣4顆
針／6號棒針 5/0號鉤針
【密度】
平針以及模樣編織的21針、27段均為10cm²
【作法】
●短上衣
★袖子的作法詳見第39頁
①使用粉紅色單色毛線，以模樣編織編織衣片部分，袖子部分則使用配色方式織出圖案以及模樣編織。
②接合肩線部分，並縫合腋下、袖下部分，接著在身片周圍以及袖口織緣編。
③在緣編上加上刺繡，並縫上袖子，最後在前端縫上扣環及布面鈕扣。
●背心裙
①以配色編織及模樣編織方式編織腋下上方6段以下的裙子部分。
②裙子上端除了中央2針維持不變之外，其他針目則以織33次二針併一針、7次三針併一針方式平均收針，減至42針為止。
③從收針部分挑針，以平針編織領肩部分。
④縫合肩線部分，並縫合腋下部分，最後如圖示編織緣編。

【短上衣的作法】

圍放環狀，置於鈕扣下方，用來扣住鈕扣
法國結粒縫
鎖針
20針
粉紅色

**布面鈕扣**（短針）5/0號針 原色毛線 2顆
緞面繡
紅色
輪狀起針
將鈕扣放入後束緊

× = 短針
☓ = 短針二針併針
∨ = 短針二針的加針
∧ = 短針二針的筋編（只穿過前段鎖針，靠外側的針目勾短針）
× = 短針的筋編（只穿過前段鎖針，靠外側的針目勾短針）

（模樣編織）
□ = 下針
人 = 左上二針併針
○ = 掛針
20針1模樣  左前側  右前側起針處  後側
20段1模樣

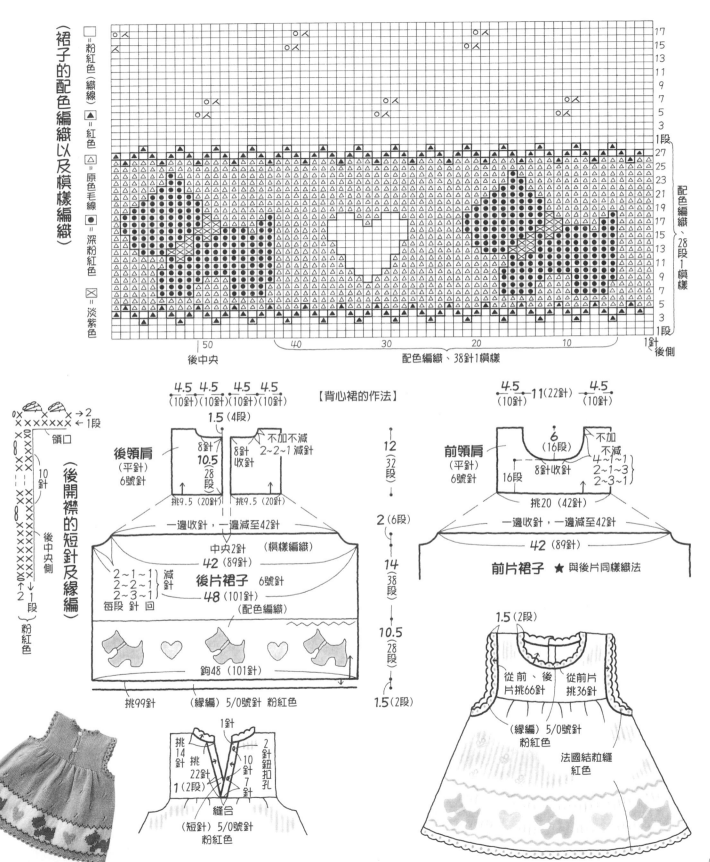

（裙子的配色編織以及模樣編織）

□=粉紅色（織線）　▲=紅色　△=原色毛線　●=深粉紅色　⊠=淡紫色

配色編織、28段1模樣

後中央　50　40　30　20　10　後側

配色編織、38針1模樣

1針

【背心裙的作法】

（後開襟的短針及緣編）

領口
後中央側
後中央側
10針
粉紅色

4.5（10針）4.5（10針）　4.5（10針）4.5（10針）

1.5（4段）

後領肩（平針）6號針
10.5（28段）

8針　8針收針
不加不減　2-2-1減針

挑9.5（20針）　挑9.5（20針）

一邊收針，一邊減至42針

中央2針（模樣編織）
42（89針）

後片裙子　6號針
48（101針）（配色編織）

2~1~1
2~1~1
2~3~1　減針
每段　針　回

鉤48（101針）

挑99針　（緣編）5/0號針　粉紅色

4.5（10針）11（22針）　4.5（10針）

1.5（4段）

前領肩（平針）6號針
6（16段）

8針收針
不加不減　4~1~1　2-1~3　2~3~1

挑20（42針）

一邊收針，一邊減至42針

42（89針）

前片裙子　★與後片同樣織法

12（32段）
2（6段）
14（38段）
10.5（28段）
1.5（2段）

1針

挑14針　挑22針
10針
7針
2針鈕扣孔

縫合
（短針）5/0號針
粉紅色

1.5（2段）

從前、後片挑66針　從前片挑36針

（緣編）5/0號針
粉紅色

法國結粒縫
紅色

63

## 29・30

### 時尚色系連身裙與背心

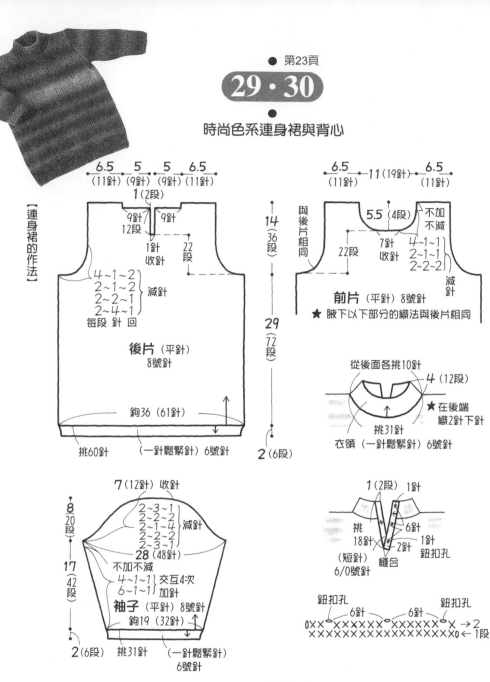

**【連身裙的作法】**

6.5 (11針) 5 (9針) 5 (9針) 6.5 (11針)

1 (2段)
9針 9針
12段
1針 收針
22段

(4~1~2
2~1~2
2~2~1
2~4~1) 減針
每段針回

**後片**（平針）
8號針

鉤36 (61針)

挑60針　（一針鬆緊針）6號針

14 (36段)
29 (72段)
2 (6段)

6.5 (11針) 11 (19針) 6.5 (11針)

與後片相同

5.5 (4段)
不加不減

22段

7針 收針
4~1~1
2~1~1
2~2~2) 減針

**前片**（平針）8號針
★ 腋下以下部分的織法與後片相同

從後面各挑10針
4 (12段)
挑31針
★ 在後端織2針下針

**衣領**（一針鬆緊針）6號針

7 (12針) 收針
2~3~1
2~2~2
2~1~4) 減針
2~2~2
2~3~1
28 (48針)
不加不減
4~1~1
6~1~1) 交互4次 加針

**袖子**（平針）8號針
鉤19 (32針)

8 20段
17 (42段)
2 (6段)

挑31針　（一針鬆緊針）6號針

1 (2段) 1針
挑18針
6針
2針 1針 鈕扣孔
（短針）縫合
6/0號針

鈕扣孔　6針　6針　鈕扣孔
0 × × ○ × × × × × ○ × × × × × × ○ × × → 2
× × × × × × × × × × × × × × × × × ○ 1段

**【背心的作法】**

5 (10針) 22針 5 (10針)

1 (2段)
22針收針

4~1~1
2~1~3
2~2~2
2~5~1) 減針
每段針回

**後片**（平針）
8號針　原色毛線

鉤36 (68針)

挑67針　（起伏編織）6號針
深灰色

△ = 4~1~1
2~1~3
2~2~2) 減針

5 (10針) 6 (11針)

**前片**（平針）8號針
與後片相同

不加不減
△
3針 收針
鉤18 (34針)
（配色編織）

挑33針　（起伏編織）
6號針　深灰色

16 (40段)
5.5 (14段)
1.5 (6段)
7 (18段)
9 (22段)

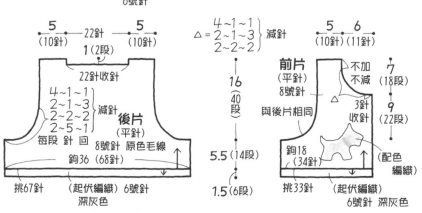

挑24針　1.5 (6段)
2針
（起伏編織）
從前片挑19針
6號針 深灰色
挑34針
10針
20針

從前、後片挑70針

★ 在第3段空一針鈕扣孔

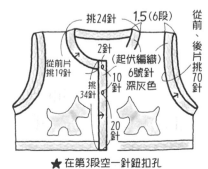

**【材料】**

毛線／連身裙：Rich More Neo Fantasy（極粗）的暗灰色（68）150g

背心：Rich More Spectre Modem（一般粗細）的原色毛線（1）55g、深灰色（48）30g、灰色（50）10g

鈕扣／1.2cm寬小熊形狀鈕扣（連身裙）3個、1.5cm寬心型鈕扣（背心）2個

針／8號、6號棒針 6/0鉤針

**【密度】**

以平針織連身裙17針、25段以及背心19針、25段均為10cm²

**【作法】**

●連身裙

①以平針編織前後身片以及袖子部分，接著以一針鬆緊針方式分別編織裙子下擺以及袖口部分。

②接合肩線部分，並縫合腋下、袖下部分，然後縫上袖子。

③從領口挑針，編織衣領部分，後開襟部分則以短針收尾。

●背心

①後身片部分使用原色毛線，以平針編織，前身片則是使用縱渡線方式配色，左右對稱地織出梗犬圖案。

②從背心下擺挑針織起伏編織，然後收針。

③以挑針縫合方式縫合腋下部分，肩線部分則以引拔接合方式接合，而領口、前端以及袖口部分與背心下擺一樣，均以起伏編織編織。

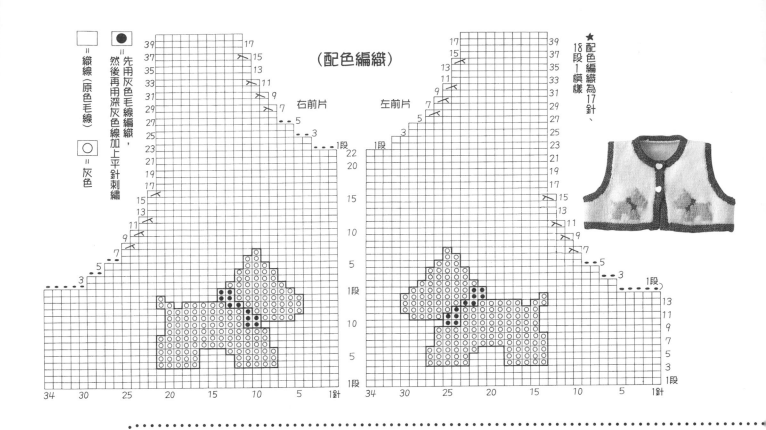

（配色編織）

右前片　　左前片

□ ＝織線（原色毛線）

● ＝先用灰色毛線編織，然後再用深灰色線加上平針刺繡

○ ＝灰色

★配色編織為17針、18段1模樣

39 37 35 33 31 29 27 25 23 21 19 17 15 13 11 9 7 5 3 1段

22 20

34 30 25 20 15 10 5 1針

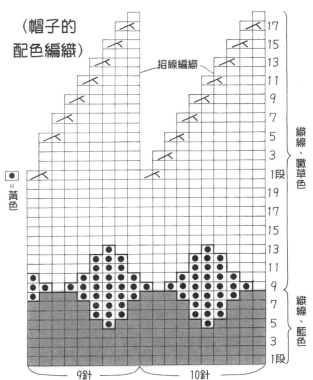

（帽子的配色編織）

接線編織

織線、嫩草色

織線、藍色

● ＝黃色

9針　　10針

17 15 13 11 9 7 5 3 1段
19 17 15 13 11 9 7 5 3 1段

● 第30頁

**42** ● 正經八百的小熊帽子

★材料、密度及毛衣的作法詳見第74頁

【作法】
①以環編方式織配色編織。
②自第20段以後，依照圖示開始減針，再將剩下的針目束緊，最後在帽頂綴上毛線球。

【帽子的作法】

3.5

毛線球 黃色 捲150圈

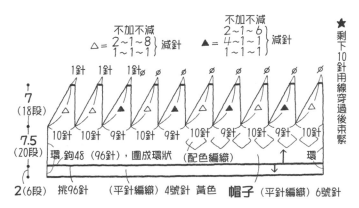

不加不減
△ = 2~1~8
1~1~1 } 減針

不加不減
2~1~6
▲ = 4~1~1
1~1~1 } 減針

★剩下10針用線穿過後束緊

1針 1針 1針 ∅ ∅ ∅ ∅ ∅ ∅ ∅

7 (18段)
7.5 (20段)
2 (6段)

10針 10針 9針 10針 9針 10針 9針 10針 9針 10針

環 鉤48（96針），圍成環狀　（配色編織）　環

挑96針　（平針編織）4號針　黃色　**帽子** （平針編織）6號針

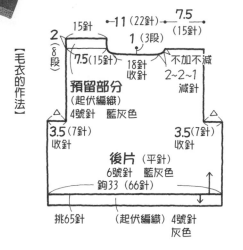

## 給好朋友一起穿的同款式毛衣與帽子

### 37・38
### 藍灰色的毛衣及帽子

【材料】
毛線／Rich More Percent（一般粗細）的藍灰色（119）150g、灰色（93）30g
鈕扣／1.2cm方形鈕扣2顆
其他／3mm黑色圓形珠子2顆
針／6號、4號棒針 5/0號鉤針
【密度】平針20針、27段為10cm²
【作法】
●毛衣
①使用藍灰色毛線，以平針編織前後身片部分，接著只用灰色毛線在前身片織配色編織。
②使用灰色毛線，以起伏編織編織毛衣下擺與袖口部分，並接合右肩線部分。
③從領口部分挑針，編織衣領部分，接著以引拔接合方式縫上袖子。至於左肩線部分，則是將前肩線與後身片的預留部分重疊後再接合。
④沿著腋下、袖下部分縫合，最後在配色編織圖案加上刺繡及領結。
●帽子
①使用藍灰色毛線，以環編方式織平針。自第23段起，在10處位置進行減針。
②頭圍部分使用灰色毛線，以起伏編織編織，最後依照圖示縫上耳朵。

【毛衣的作法】

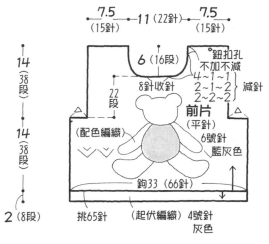

15針 ←11（22針）→ 7.5
（15針）
2（8段）
7.5（15針）
1（3段）
18針收針
不加不減
2-2-1 減針

預留部分
（起伏編織）
4號針 藍灰色

3.5（7針）收針
3.5（7針）收針

後片（平針）
6號針 藍灰色

鉤33（66針）

挑65針 （起伏編織）4號針 灰色

7.5（15針） 11（22針） 7.5（15針）

14（38段）
22段
14（38段）

6（16段）
8針收針
鈕扣孔
不加不減
4-1-1
2-1-2 減針
2-2-2

前片（平針）
（配色編織）
6號針 藍灰色

鉤33（66針）

挑65針 （起伏編織）4號針 灰色

2（8段）

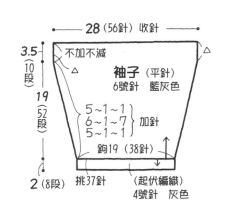

28（56針）收針

3.5（10段）
不加不減

袖子（平針）
6號針 藍灰色

5-1-1
6-1-7 加針
5-1-1

19（52段）

鉤19（38針）

挑37針 （起伏編織）4號針 灰色

2（8段）

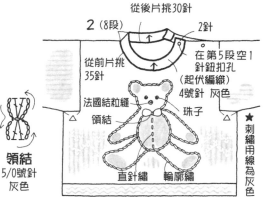

從後片挑30針
2（8段）
2針

從前片挑35針

在第5段空1針鈕扣孔
（起伏編織）4號針 灰色

法國結粒縫
領結 珠子
領結

直針繡 輪廓繡

★刺繡用線為灰色

領結
5/0號針
灰色

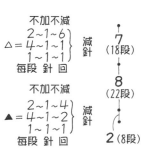

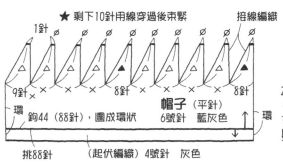

★剩下10針用線穿過後束緊
挷線編織

1針
9針 × 8針 × 8針

帽子（平針）
鉤44（88針），圍成環狀
6號針 藍灰色
環

挑88針 （起伏編織）4號針 灰色

不加不減
2-1-6
△＝4-1-1 減針
1-1-1
每段 針 回
7（18段）

不加不減
2-1-4
▲＝4-1-2 減針
1-1-1
每段 針 回
8（22段）

2（8段）

【帽子的作法】

6
耳朵
縫牢

耳朵（平針）
2片 6號針 灰色

7（19段）
7.5（15針）
鉤7.5（15針）

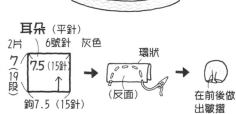

環狀
（反面） → 在前後做出皺摺

35・36
奶油色毛衣及帽子

【材料】
毛線／Rich More Percent（一般
粗細）的奶油色（2）150g、嫩
草色（17）30g
鈕扣／1.2cm方形鈕扣2顆
其他／3mm黑色圓形珠子2顆
針／6號、4號棒針 5/0號鉤針
【密度】
平針20針、27段為10cm²
【作法】
毛衣、帽子作法詳見上一頁的
37・38作法。針數、段數均相
同，只要改變毛線顏色，分別
將藍灰色毛線以及灰色毛線換
成奶油色及嫩草色來編織即
可。

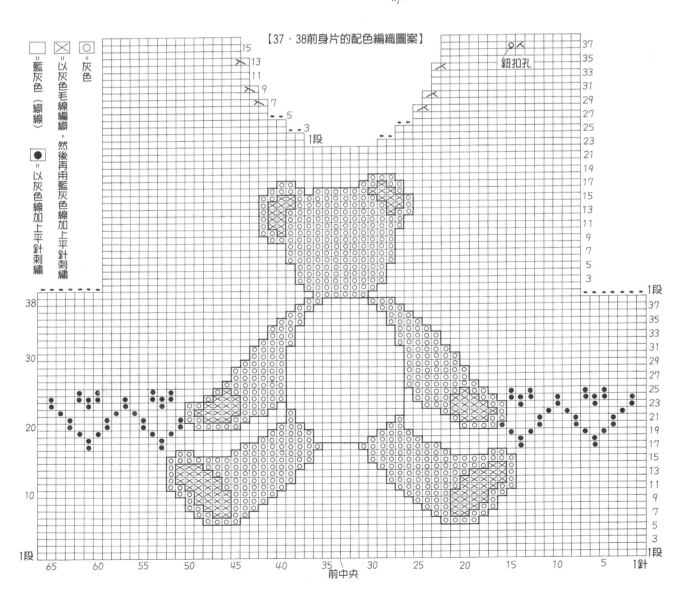

【37・38前身片的配色編織圖案】

□ ＝「藍灰色」（織線）

⊠ ＝以灰色毛線編織，然後再用藍灰色線加上平針刺繡

○ ＝「灰」色

● ＝以灰色線加上平針刺繡

【材料】
毛線／Rich More Percent（一般粗細）的紅色（64）150g、原色毛線（1）30g
鈕扣／1.2cm方形鈕扣2顆
其他／3mm黑色圓形珠子2顆
針／6號、4號棒針 5/0號鉤針
【密度】平針20針、27段為10cm²
【作法】
●毛衣
①織法請參見第66～67頁，前片部分使用原色毛線在紅色織片織配色編織，肩線的預留部分使用紅色毛線編織。
②在毛衣下擺、袖口以及衣領部分也使用紅色毛線織6段起伏編織，然後在收針的針目上用鉤針勾一圈鎖針的荷葉邊（緣編）。
●帽子
①織法請參見第66頁。頭圍部分以起伏編織織6段後，與毛衣一樣用鉤針勾一圈荷葉邊。
②用原色毛線加上平針刺繡，最後在帽頂上綴上原色毛線做的毛線球。

【毛衣的作法】

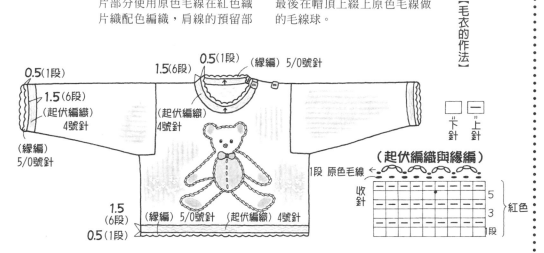

0.5（1段）
1.5（6段）
0.5（1段）
1.5（6段）（緣編）5/0號針
（起伏編織）4號針
（起伏編織）4號針
（緣編）5/0號針
1.5（6段）
（緣編）5/0號針（起伏編織）4號針
0.5（1段）

□="下針" —="上針"

（起伏編織與緣編）
1段 原色毛線
收針
5
3
1段
紅色

【帽子的作法】

3.5
毛線球 原色毛線 捲150圈
平針刺繡
1.5（6段）
0.5（1段）
（起伏編織）4號針 （緣編）5/0號針

（帽子的織法以及平針刺繡）
□="下針（紅色）"
人="左上二併針"
●="之後再用原色毛線加上平針刺繡"
17 15 13 11 9 7 5 3 1段
21 19 17 15 13 11 9 7 5 3 1段
9針 8針
平針刺繡
8針9段1模樣

【材料】
毛線／HAMANAKA Fairlady50（一般粗細）的藍色（54）55g、翠綠色（8）35g、原色毛線（2）35g、深藍色（28）10g、黃色（70）5g
鈕扣／3cm寬魚形鈕扣1個
其他／長27cm拉鍊一條
針／6號、4號棒針 5/0號鉤針
【密度】平針20針、26段為10cm²
【作法】
①前、後身片同樣織出條紋圖案，接著在後片中央織出企鵝圖案。
②在背心下擺部分織一針鬆緊針，接著在配色編織圖案上加上刺繡。
③接合肩線部分，縫合腋下部分後，接著從袖口、領口挑針開始織一針鬆緊針，然後在前端部分織短針。
④使用縫線，以迴針縫將拉鍊縫在前端上，最後在左胸前綴上裝飾鈕扣。

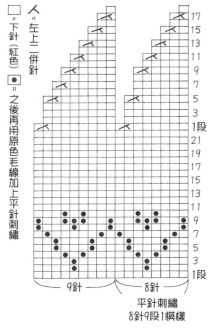

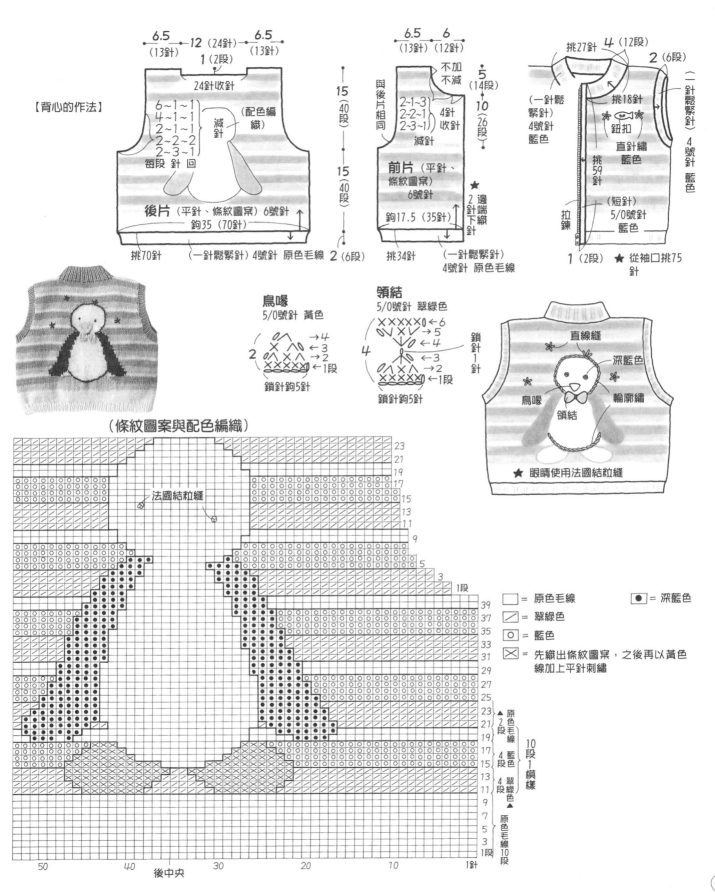

【背心的作法】

6.5 12 (24針) 6.5
(13針) (13針)
1 (2段)
24針收針

6~1~1
4~1~1
2~1~1    減針    (配色編織)
2~2~2
2~3~1
每段 針 回

後片 (平針、條紋圖案) 6號針
鉤35 (70針)

挑70針  (一針鬆緊針) 4號針 原色毛線 2 (6段)

15 (40段)
15 (40段)

6.5 6
(13針) (12針)
不加
不減
2-1-3
2-2-1    4針收針
2-3-1    減針

前片 (平針、條紋圖案) 6號針
鉤17.5 (35針)

5 (14段)
10 (26段)

與後片相同

2 邊端織 2 針下針

挑34針  (一針鬆緊針) 4號針 原色毛線

挑27針 4 (12段)

(一針鬆緊針) 4號針 藍色
挑18針
鈕扣
直針繡 藍色
挑59針

2 (6段)
(二針鬆緊針) 4號針 藍色

(短針) 5/0號針 藍色
拉鍊

1 (2段)
★ 從袖口挑75針

鳥喙
5/0號針 黃色
→4
←3
→2
2
←1段
鎖針鉤5針

領結
5/0號針 翠綠色
←6
←5
←4
←3
←2
4
←1段
鎖針1針
鎖針鉤5針

直線縫
深藍色
鳥喙
輪廓繡
領結

★ 眼睛使用法國結粒縫

(條紋圖案與配色編織)

法國結粒縫

23
21
19
17
15
13
11
9
5
3
1段

39
37
35
33
31
29
27
25
23 ▲原色毛線
21 2段
19 2段
17 4段 藍色
15 4段
13 4段 翠綠色
11 ▲
9
7
5 原色毛線
3 10段
1段

10段1模樣

50    40    30    20    10    1針
後中央

= 原色毛線    = 深藍色
= 翠綠色
= 藍色
= 先織出條紋圖案,之後再以黃色線加上平針刺繡

69

**39**

● 長頸鹿羊毛衫

【材料】

毛線／Rich More Percent（一般粗細）的原色毛線（1）110g、嫩草色（17）45g、咖啡色（9）10g、黃色（4）10g

鈕扣／1.5cm圓形鈕扣5顆

針／6號、4號棒針 5/0號鉤針

【密度】

平針20針、27段為10cm²

【作法】

①使用原色毛線，以平針編織後身片，接著在右前身片織出長頸鹿圖案。由於圖案很大，

因此採用縱渡線方式配色。

②以起伏編織編織上衣下擺以及袖口部分，然後接合肩線部分。在前端編織衣襟部分，接著翻到身片背面挑針，開始織衣領部分。

③縫合腋下、袖下部分，接著縫上袖子。然後開始織口袋，縫在左前身片上。

④在長頸鹿上加上刺繡以及織片作裝飾，最後在後身片加上心型的平針刺繡。

### （後身片的配色編織）

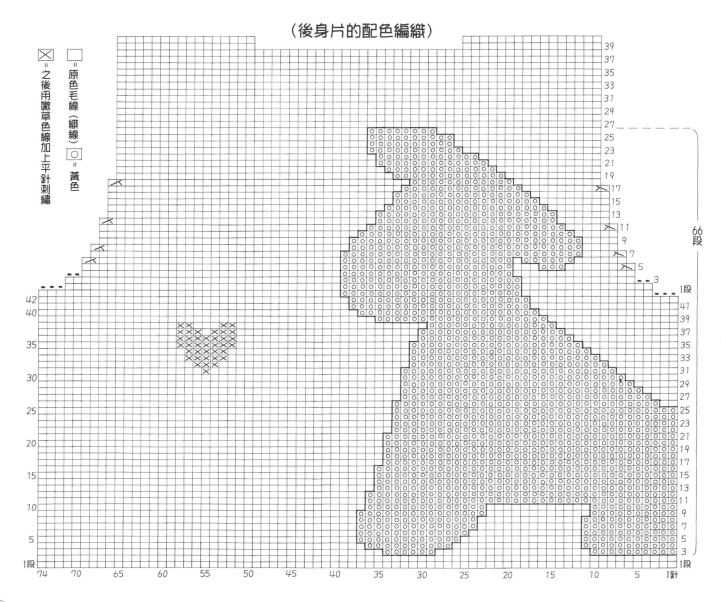

☒ ＝之後用嫩草色線加上平針刺繡

□ ＝原色毛線（織線）　○ ＝黃色

66段

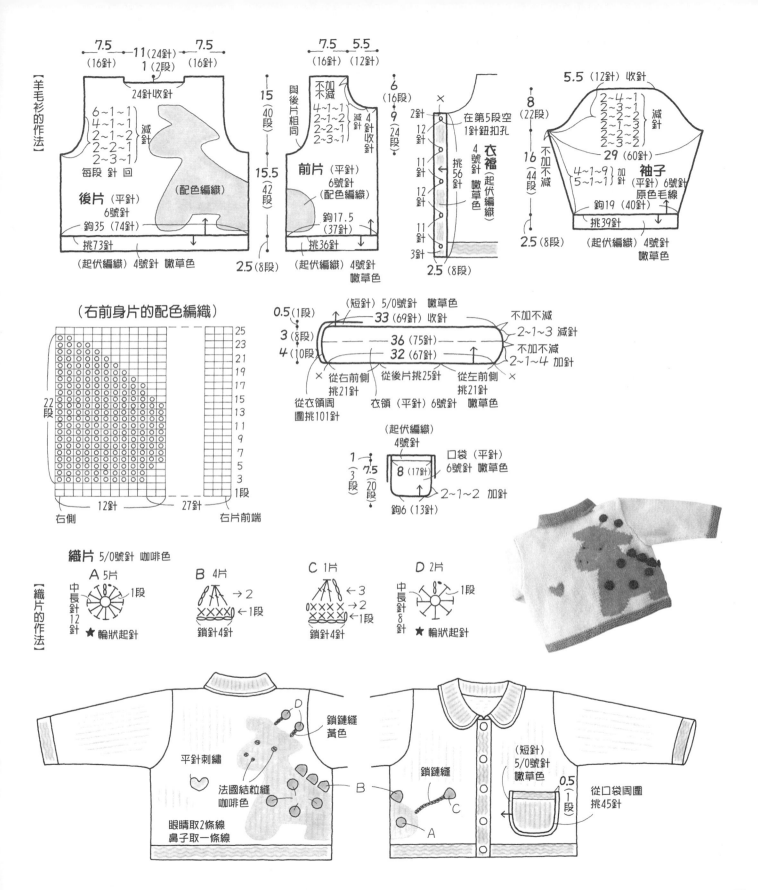

★口袋、鬃毛作法詳見第45頁
【材料】
毛線／Rich More Percent（一般粗細）的煉瓦色（118）160g、蛋黃色（3）20g、深咖啡色（89）20g，及棣棠花色（6）、芥黃色（7）、橘色（86）各10g
鈕扣／1.3cm圓形鈕扣5顆
針／6號、4號棒針 5/0號鉤針
【密度】
平針20針、27段為10cm²
【作法】
①使用煉瓦色的毛線，以平針來編織，接著以配色編織織出獅子圖案。

②在毛衣下擺、袖口部分織桂花針，並接合肩線部分以及縫合腋下、袖下部分。
③以桂花針織出衣襬部分，然後翻到身片反面挑針，一邊織引返針，一邊織出衣領部分。
④在衣領周圍、前端、毛衣下擺以及袖口部分織逆短針，並縫上袖子。
⑤織完口袋部分後，縫在前身片上。然後在配色編織上加上刺繡，織完鬃毛、尾巴後，再依照圖示縫好。

第29頁
● ●
**40**
● ●
獅子羊毛衫

（配色編織）

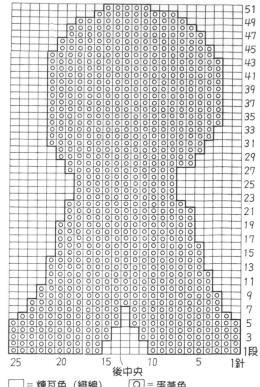

後中央

□ ＝煉瓦色（織線） ◎ ＝蛋黃色

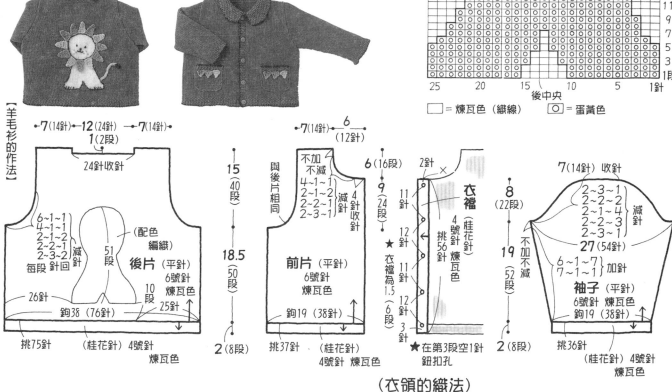

【羊毛衫的作法】

後片（平針）6號針 煉瓦色
前片（平針）6號針 煉瓦色
衣襬（桂花針）4號針 煉瓦色
袖子（平針）6號針 煉瓦色 鉤19（38針）
★在第3段空1針 鈕扣孔

（桂花針）

＝下針　＝上針

（衣領的織法）

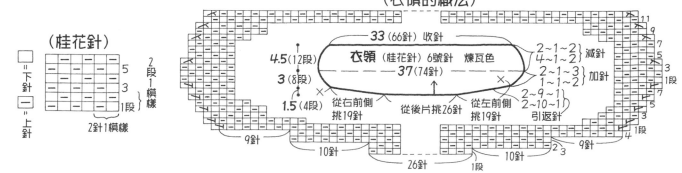

衣領（桂花針）6號針 煉瓦色
33（66針）收針
37（74針）
從右前側挑19針　從後片挑26針　從左前側挑19針
引返針

【材料】
毛線／HAMANAKA Fairlady50
（一般粗細）的嫩草色（13）
110g、原色毛線（2）5g、藏青
色（27）5g，以及Soft Loop
（一般粗細的圈圈紗）的原色毛
線（1）10g
鈕扣／1.3cm圓形鈕扣5顆
其他／寬5mm的米黃色緞帶25cm
針／6號、4號棒針
【密度】
平針20針、26段為10cm²
【作法】
①首先以桂花針織背心下擺部
分，然後再改以平針編織。
②後片以縱渡線的配色方式織
出綿羊圖案，而前片在織完18
段後，中央的18針休針，自第
19段起接續另外所織的口袋的
18針繼續編織。
③接合肩線部分，並縫合腋下
部分。接著以桂花針編織衣襬
部分，然後翻到身片反面從領
口挑針，編織衣領。
④口袋的袋口部分亦以桂花針
編織，接著在口袋的兩端各加
一針卷加針作為縫合部分，增
至20針後再繼續編織。
⑤在後片的配色編織上加上刺
繡，如圖所示使用藏青色線，
以毛編繡來滾邊。

第25頁
● ● ●
**32**
● ● ●
牧場小綿羊背心

□ ＝ 嫩草色（織線）
⊠ ＝ Fairlady
原色毛線
⊙ ＝ Soft Loop
原色毛線

（配色編織）

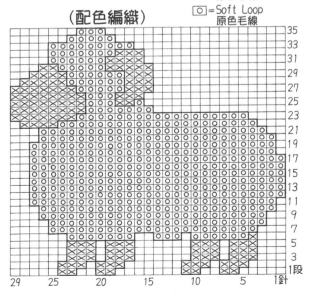

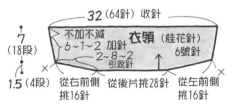

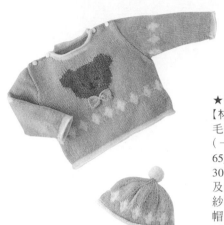

●

## 正經八百的小熊毛衣與帽子

★帽子的作法詳見第65頁
【材料】
毛線／毛衣：Rich More Percent（一般粗細）的嫩草色（17）65g、藍色（22）50g、黃色（4）30g、深咖啡色（76）少許、以及美麗諾Veluce（一般粗細圈圈紗）的咖啡色（3）10g
帽子：黃色20g、嫩草色15g、以及藍色10g
鈕扣／1.3cm圓形鈕扣4顆

針／6號、4號棒針
【密度】
平針20針、27段為10cm²
【作法】
●毛衣
①起針之後，依照圖示的配色以及菱形的配色編織圖案織出身片與袖子。關於配色方式，菱形圖案則從背面以橫渡線方式配色，前片的小熊圖案則是以縱渡線方式配色。

②以平針編織毛衣下擺以及袖口部分。編好之後，以較為寬鬆的方式收針。
③織好衣領部分後，與毛衣下擺以及袖口一樣收針，接著以挑針縫合方式縫合腋下與袖下部分。
④將前肩線部分與後片的預留部分重疊後，以引拔接合方式縫上袖子。

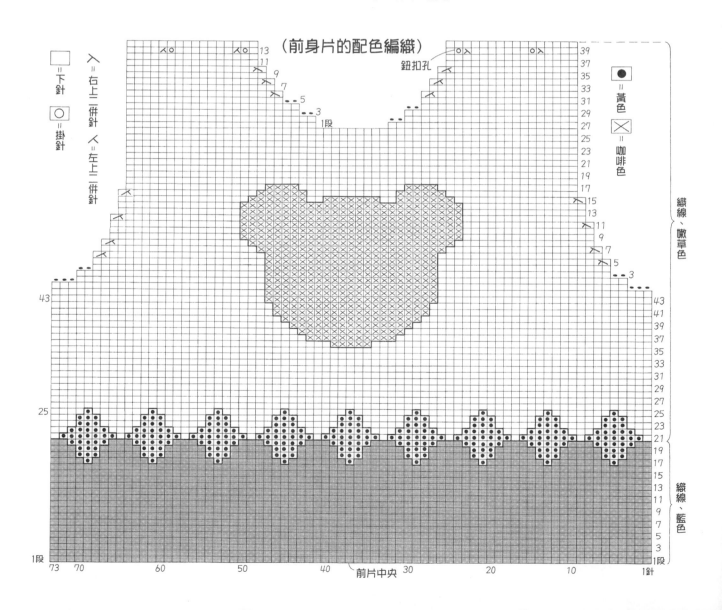

（前身片的配色編織）

□＝下針
○＝掛針
入＝右上二併針 人＝左上二併針

鈕扣孔

●＝黃色
×＝咖啡色

織線、嫩草色

織線、藍色

## 【身片的織法】

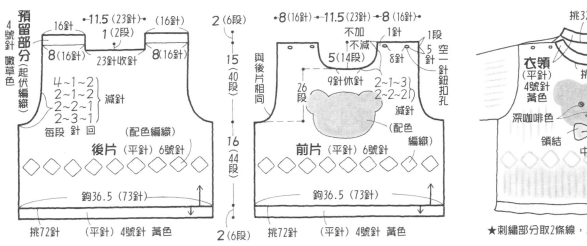

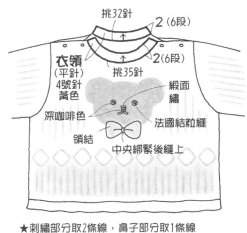

★刺繡部分取2條線，鼻子部分取1條線

### 後片

- 預留部分 （起伏編織） 4號針 嫩草色
- 16針 ←11.5（23針）→ （16針）
- 8（16針） 23針收針 8（16針）
- 1（2段）
- 4~1~2
- 2~1~2 減針
- 2~2~1
- 2~3~1
- 每段 針 回
- （配色編織）
- 後片（平針）6號針
- 鉤36.5（73針）
- 挑72針 （平針）4號針 黃色
- 2（6段）
- 15（40段）
- 16（44段）
- 2（6段）

### 前片

- ←8（16針）→ ←11.5（23針）→ ←8（16針）→
- 不加 不減 1針
- 5（14段）
- 9針休針 2~1~3 2~2~2） 減針
- 26段
- 空一針鈕扣孔
- 8針 5針 1段
- 與後片相同
- （配色編織）
- 前片（平針）6號針
- 鉤36.5（73針）
- 挑72針 （平針）4號針 黃色

### 衣領

- 挑32針
- 2（6段）
- 衣領（平針）4號針 黃色
- 挑35針
- 2（6段）
- 緞面繡
- 深咖啡色
- 領結
- 法國結粒縫
- 中央綁緊後縫上

## （袖子的配色編織）

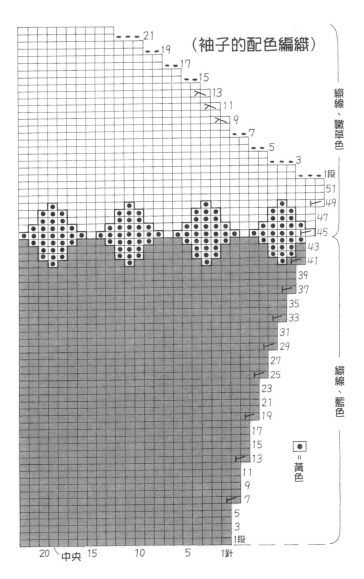

- 織線、嫩草色
- 21 19 17 15 13 11 9 7 5 3 1段
- 51 49 47 45 43 41 39 37 35 33 31 29 27 25 23 21 19 17 15 13 11 9 7 5 3 1段
- 織線、藍色
- ● = 黃色
- 20 中央 15 10 5 1針

## （領結）

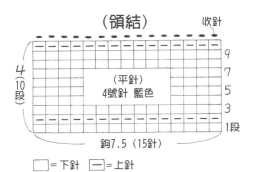

- 收針
- 4（10段）
- （平針）4號針 藍色
- 9 7 5 3 1段
- 鉤7.5（15針）

□ ＝下針　　─ ＝上針

## 【袖子的作法】

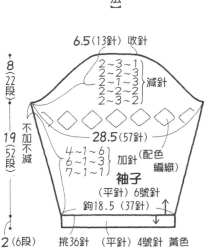

- 6.5（13針）收針
- 2~3~1
- 2~2~2
- 2~1~3 減針
- 2~2~2
- 2~3~2
- 8（22段）
- 28.5（57針）
- 不加不減
- 4~1~6
- 6~1~3 加針（配色編織）
- 7~1~1
- 袖子（平針）6號針
- 鉤18.5（37針）
- 19（52段）
- 2（6段）
- 挑36針 （平針）4號針 黃色

75

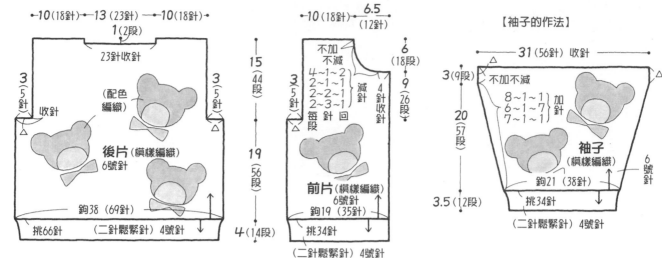

【身片的作法】

←10(18針)→←13(23針)→←10(18針)→

1(2段)

23針收針

3（5針）收針    （配色編織）    3（5針）

後片（模樣編織）
6號針

鉤38（69針）

挑66針    （二針鬆緊針）4號針

15（44段）

19（56段）

4（14段）

←10(18針)→ 6.5(12針)

不加不減

4－1－2
2－1－1
2－2－1
2－3－1 減針    每段    回

3（5針）    4針收針

前片（模樣編織）
6號針

鉤19（35針）

挑34針    （二針鬆緊針）4號針

6（18段）

9（26段）

【袖子的作法】

←31(56針) 收針→

不加不減

8－1－1
6－1－7
7－1－1 加針

袖子（模樣編織）
6號針

鉤21（38針）

挑34針

3（9段）

20（57段）

3.5(12段)

（二針鬆緊針）4號針

6號針

● 第31頁

## 43

● 小熊拉鍊式羊毛衫

【材料】
毛線／HAMANAKA Lamb Soft
（一般粗細）的原色毛線（1）
150g、咖啡色（10）50g、米黃
色（6）20g、橘色（15）15g
鈕扣／6mm圓形黑色半球形鈕
扣20顆
其他／3mm圓形黑色珠子2顆、
長32cm的拉鍊1條
針／6號、4號棒針 5/0號、6/0
號鉤針
【密度】
模樣編織18針、29段約為10cm²
【作法】
①使用原色毛線，以模樣編織
織出前後身片以及袖子，並織
入小熊圖案。
②在織完配色編織的領結以及
鼻子之前，均在內側使用橫渡
線方式配色，當只剩下咖啡色
時，則改用縱渡線方式配色。
領結以及鼻子部分亦可改用平
針刺繡代替。
③衣服下擺以及袖口部分以二
針鬆緊針編織，待肩線部分接
合之後再織衣領部分。
④縫上袖子，使身片與袖子的
相合記號吻合，接著再縫合腋
下及袖下部分。
⑤在前端織短針，並用縫線以
迴針縫縫上拉鍊。最後如圖
示，在拉鍊拉環上綴上小熊布
偶。

### （袖子的模樣編織以及配色編織）

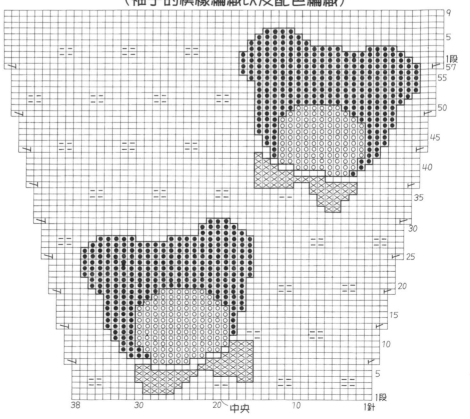

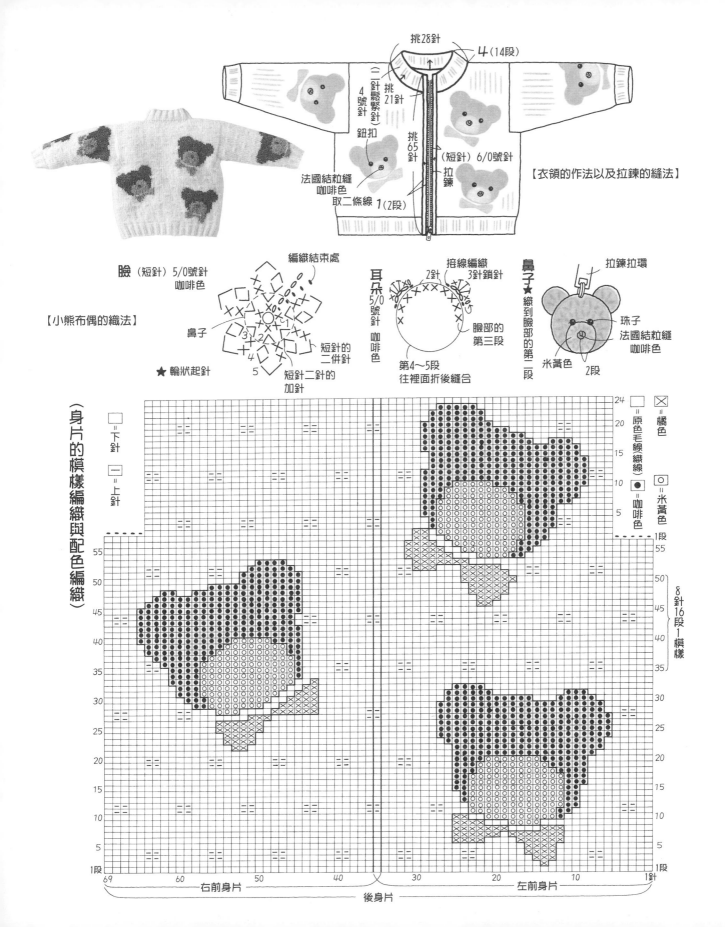

挑28針
**4**(14段)
挑21針
(一針鬆緊針)
4號針
鈕扣
挑65針
(短針)6/0號針
拉鍊
法國結粒縫
咖啡色
取二條線 **1**(2段)

【衣領的作法以及拉鍊的縫法】

臉(短針)5/0號針
咖啡色

編織結束處

【小熊布偶的織法】

鼻子

★輪狀起針

短針的
二併針

短針二針的
加針

耳朵
5/0號針
咖啡色

接線編織
3針鎖針

2針

腋部的
第三段

第4～5段
往裡面折後縫合

鼻子★織到腋部的第二段

拉鍊拉環

珠子
法國結粒縫
咖啡色

米黃色

2段

☒=橘色
□=原色毛線織線
●=咖啡色
○=米黃色

(身片的模樣編織與配色編織)

□=下針
=上針

8針16段1模樣

右前身片
後身片
左前身片

# 44·45

**棉花糖兔子
連身裙套組**

【材料】
毛線／連身裙：HAMANAKA
Mild Lily（一般粗細）的粉紅
色（4）190g
披風：原色毛線（2）160g
針／8號、6號棒針　5/0號鉤
針、6/0號鉤針
【密度】模樣編織A、C21針、
31段均為10cm²
【作法】
●連身裙
①使用別線起針，以模樣編織A
織出前後身片以及袖子部分。
②拆開別線起針，挑針後開始
織模樣編織B。在1～6段織一針
鬆緊針，自第7段起改用鉤針，
將一針鬆緊針的針目以引拔針
收針，接著勾3針鎖針的花邊。
③接合肩線部分，並縫合腋下
及袖下部分，然後織衣領部
分，接著縫上袖子。
④織完口袋部分後，再縫在前
身片上。
●披風
①起針與連身裙一樣，接著以
環編方式織模樣編織C直到38段
為止。自第39段以後的18段分
成10處位置，一邊織前開襟部
分，一邊減針。
①至於帽子方面，則是將剩餘
的80針在第一段平均減至75針
後，再按照圖示開始編織帽
子。
③與連身裙一樣，在披風下擺
以及帽子周圍部分織模樣編織
B，最後在前開襟上綴上毛線
球。

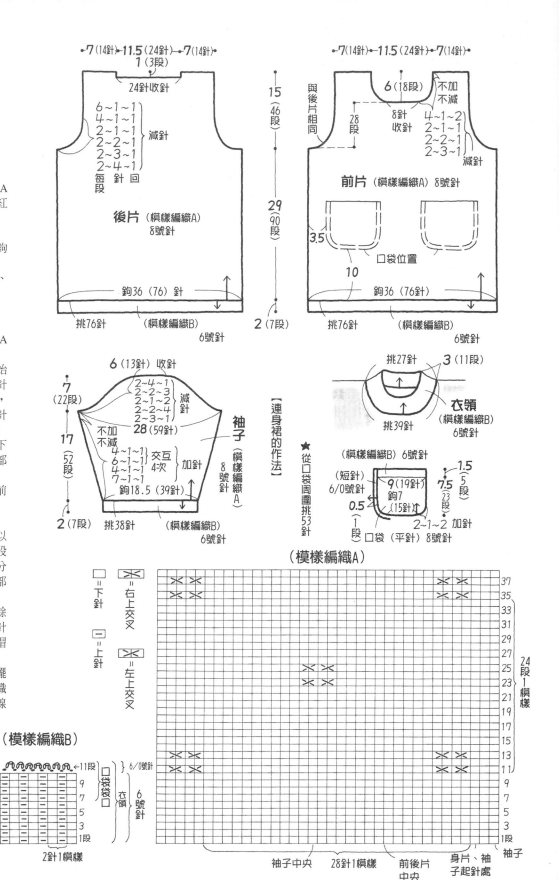

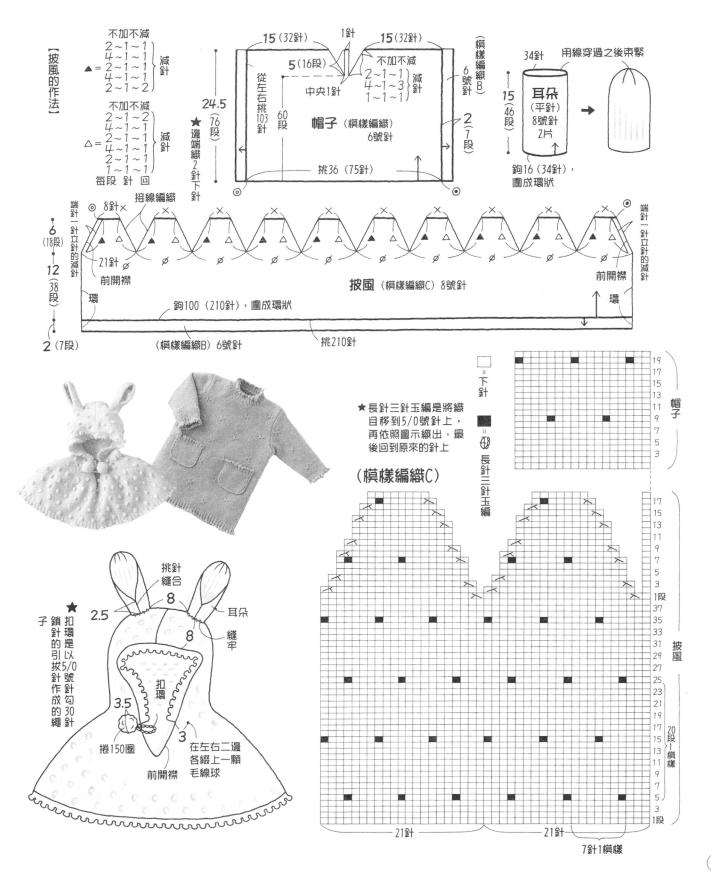

[披風的作法]

不加不減
2~1~1
4~1~1 } 減針
2~1~1
4~1~1
2~1~2

▲ =

不加不減
2~1~2
4~1~1 } 減針
2~1~1
4~1~1
1~1~1

△ =

每段 針 回

24.5
(76段)

★邊端織2針下針

15(32針)　1針　15(32針)

5(16段)

中央1針

從左右挑103針

60段

帽子（模樣編織）
6號針

2(7段)

（模樣編織B）6號針

不加不減
2~1~1
4~1~3 } 減針
1~1~1

挑36(75針)

（模樣編織B）

15
(46段)

34針

用線穿過之後束緊

耳朵
（平針）
8號針
2片

鉤16(34針)，
圍成環狀

端針一針立針的減針

6
(18段)

12
(38段)

8針×　接線編織

21針

前開襟

環

接線編織　×

環

披風（模樣編織C）8號針

鉤100(210針)，圍成環狀

端針一針立針的減針

前開襟

環

2(7段)

（模樣編織B）6號針

挑210針

□ = 下針
= 長針三針玉編

帽子

★長針三針玉編是將織
目移到5/0號針上，
再依照圖示織出，最
後回到原來的針上

（模樣編織C）

19
17
15
13
11
9
7
5
3

17
15
13
11
9
7
5
3
1段
37
35
33
31
29
27
25
23
21
19
17
15
13
11
9
7
5
3
1段

披風

20段1模樣

挑針縫合

耳朵

縫牢

2.5

8

8

★
子 銷 扣
針 針 環
的 是
引 以
拔 5/0
針 號
作 針
成 勾
的 出
繩 30
針

3.5

捲150圈

扣環

前開襟

3 在左右二邊
各綴上一顆
毛線球

21針　　21針

7針1模樣

## 棒針編織的編目記號與織法

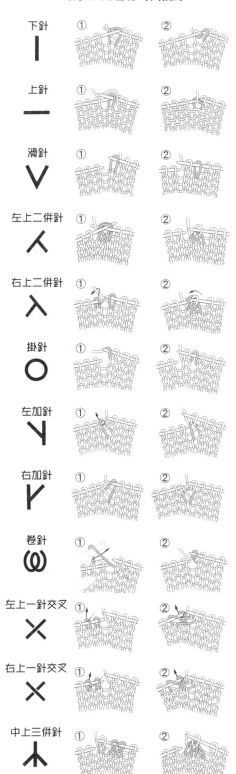

下針 | ① | ②
上針 | ① | ②
滑針 | ① | ②
左上二併針 | ① | ②
右上二併針 | ① | ②
掛針 | ① | ②
左加針 | ① | ②
右加針 | ① | ②
卷針 | ① | ②
左上一針交叉 | ① | ②
右上一針交叉 | ① | ②
中上三併針 | ① | ②

## 鉤針編織的編目記號與織法

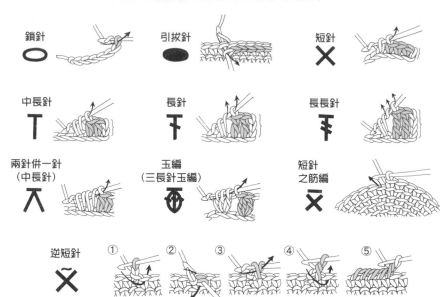

鎖針 | 引拔針 | 短針
中長針 | 長針 | 長長針
兩針併一針（中長針） | 玉編（三長針玉編） | 短針之筋編
逆短針 | ① | ② | ③ | ④ | ⑤

---

## 棒針編織的基礎

起針法

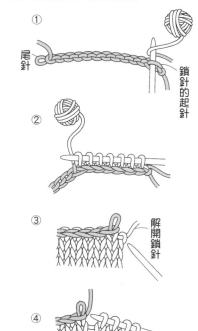

**【別線起針】**

使用別線以鉤針勾出鎖針後，再以棒針挑起鎖針的下針開始編織。之後欲加入鬆緊針等其他針法時，再解開鎖針。

① 尾針　　鎖針的起針
② 
③ 解開鎖針
④ 

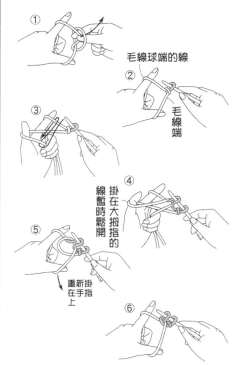

**【棒針起針】**

開始打平針編織法、起伏編織法等時使用。使用一根比織片大1～2號的棒針，或是使用2根較細的棒針。

① 
② 毛線球端的線　毛線端
③ 
④ 掛在大拇指的線暫時鬆開
⑤ 重新掛在手指上
⑥

## 接合法

### 【引拔接合】

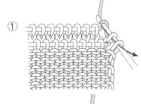

①

②

③

## 縫合法

### 【挑針縫合】

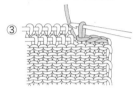

①　②

### 【半迴針縫合】

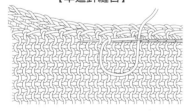

### 【引拔縫合】

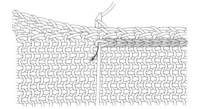

## 不作渡線的配色編織

用於編織大型圖樣時。
每種圖樣必須對應所需配色數量的毛線球。

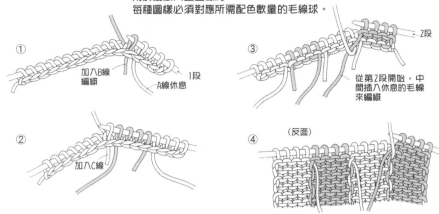

①　加入B線編織　　A線休息　1段

②　加入C線

③　從第2段開始，中間插入休息的毛線來編織　2段

④　（反面）

## 一針鬆緊針收縫法

收縫用的毛線長度，需預留比完成寸法約3倍長。

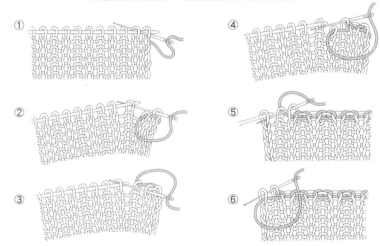

①　④

②　⑤

③　⑥

## 肩線的引返針（左肩）

每隔2段留下幾針不織，使織片傾斜。為避免折回的
位置留下空隙，因此將二針併一針。

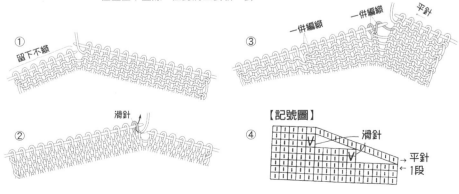

①　留下不織

②　滑針

③　一併編織　一併編織　平針

④　【記號圖】
滑針
平針
1段

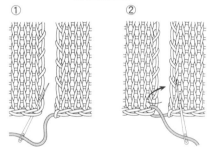
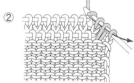

國家圖書館出版品預行編目資料

手編織可愛動物嬰兒服 / 川路ゆみこ作；黃琳雅譯.
-- 初版. -- 臺北縣新店市：世茂, 2010.01

　　面；公分. --（手編織基礎系列；27）

　　ISBN 978-986-6363-39-9（平裝）

　　1. 編織　2. 手工藝

426.4　　　　　　　　　　　　　　98024260

手編織系列 27

# 手編織可愛動物嬰兒服

作　　著／川路ゆみこ
譯　　者／黃琳雅
主　　編／簡玉芬
責任編輯／林雅玲
出 版 者／世茂出版有限公司
負 責 人／簡泰雄
登 記 證／局版臺省業字第564號
地　　址／(231)台北縣新店市民生路19號5樓
電　　話／(02)2218-3277
傳　　真／(02)2218-3239（訂書專線）、(02)2218-7539
劃撥帳號／19911841
戶　　名／世茂出版有限公司
　　　　　單次郵購總金額未滿500元（含），請加50元掛號費
酷 書 網／www.coolbooks.com.tw
排版製版／辰皓國際出版製作有限公司
印　　刷／祥新印製企業有限公司
初版一刷／2010年1月


定　　價／250元

DOUBUTSU SAN NO BABY KNIT
© YUMIKO KAWAJI 2002
Original Published in Japan by Shufunotomo Co., Ltd.
All rights reserved.